女性特色教育系列丛书
NÜXING TESE JIAOYU XILIE CONGSHU

女性与家政

NÜXING YU JIAZHENG

郭丽萍　胡英娣◎主　编
胡会来　黄士良　吕淑婧　王顺新　董玲艳◎副主编

东北师范大学出版社
NORTHEAST NORMAL UNIVERSITY PRESS
长春

图书在版编目（CIP）数据

女性与家政/郭丽萍，胡英娣主编．—长春：东北师范大学出版社，2022．1
ISBN 978 - 7 - 5681 - 8454 - 0

Ⅰ．①女…　Ⅱ．①郭…　②胡…　Ⅲ．①女性—家政学—高等学校—教材　Ⅳ．①TS976

中国版本图书馆 CIP 数据核字（2022）第 018219 号

□责任编辑：肖　丹　□封面设计：迟兴成
□责任校对：石　斌　□责任印制：许　冰

东北师范大学出版社出版发行
长春净月经济开发区金宝街 118 号（邮政编码：130117）
电话：0431—84568023
网址：http：//www.nenup.com
东北师范大学音像出版社制版
河北亿源印刷有限公司印装
石家庄市栾城区霍家屯裕翔街 165 号未来科技城 3 区 9 号 B
（电话：0311－85978120）
2022 年 1 月第 1 版　2022 年 1 月第 1 次印刷
幅面尺寸：170mm×240mm　印张：13.25　字数：265 千

定价：39.80 元

前　言

天下之本在国，国之本在家。作为社会的最小单位，家庭是个人幸福和生命栖居的港湾，具有维护社会稳定、构建幸福社会的重要功能。随着我国经济社会的快速发展和人民物质生活条件的不断改善，人民对生活品质的要求越来越高，越来越追求和谐健康的家庭生活氛围和舒适温馨的家居环境。迫切的社会需求使家政学研究、家政教育开展，尤其是家政教材的开发，成为高校家政教育工作者面临的重要任务。

家政学作为系统地研究家政教育的学科，与女性之间存在着天然的联系。本书总结编写团队多年的家政教学、科研和实践经验，吸纳新的家政理念、方法和时代要素，以家政学、教育学、心理学等相关知识为基础，分析现代女性的特点，通过家庭理财、家庭环境管理、家庭教育、家庭文化等内容，帮助女性建立现代家庭科学观念，提高女性综合素质，拓宽女性就业渠道，推动家政业职业化和规范化水平的提升。

本教材主要具有以下三个特点：

一是教学内容丰富。主要内容包括家庭、家政、婚姻等基础理论知识以及饮食、服装、环境、理财、健康、教育、文化等现代家政基本内容。教材中大量运用“小贴士”“知识链接”等形式对教学内容进行拓展延伸，涉及家政的方方面面。

二是注重实践操作。本书提供了大量现代社会家政技能训练内容，选材典型精练、贴近生活、语言生动，力避简单说教，注重通过实训使学生掌握家政技能，做到学而能用、学而即用。

三是适用范围广泛。本教材基于现代社会家政学的广泛应用性编写，可作为普通高等学校、职业院校相关专业的基础课程教材和其他专业的公共课程教材，也可作为从事家政服务实际工作者的培训教材。

本书全面、系统地阐明了家政教育的基本理论和教育实践。在撰写此教材的过程中，郭丽萍、胡英娣担任主编，胡会来、黄士良、吕淑婧、王顺新、董玲艳担任副主编。内容编写情况：第一章，女性与家政概述，由胡英娣、郭丽萍编写；第二章，女性与家庭饮食管理，由王顺新编写；第三章，女性与家庭服饰，由吕淑婧编写；第四章，女性与家庭环境管理，由黄士良编写；第五章，女性与家庭理财，由胡会来编写；第六章，女性与家庭健康，由董玲艳编写；第七章，女性与家庭教育，由胡英娣编写；第八章，女性与家庭文化，由黄士良编写。胡英娣、郭丽萍负责本教材的统稿工作。本书撰写过程中参阅了大量文献、资料，在此谨向有关人士深表谢意！

编　者

目　录

第一章　女性与家政概述

学习目标

1. 认识在高校女大学生中实施家政教育的必要性。

2. 掌握家政学、家政教育、家庭的内涵。

3. 能够运用婚姻家庭基础理论，树立正确的爱情观和择偶观，合理规划婚姻，营造和谐美好的家庭氛围。

社会学家奥托·英里奇夫说："从某种意义上说，家庭是社会的缩影，社会问题往往在家庭中反映出来，任何不注重家庭的做法，都是不可取的……而解决家庭问题的手段多种多样，家政教育是各种手段的总和。"对大学生进行系统的家政教育，使他们具有一定未来家庭生活的能力，是从整体上提高大学生的素质的必要环节，也是大学生社会化的基础。构建高校家政教育体系已具备了相当的主客观基础，时机日趋成熟，同时成为我国高等教育面临的一项重要任务。

第一节　家政学与家政教育

人类的一切社会进程都开始于家庭，要促进社会的安定与繁荣，先要促进和发展、和谐健康的家庭生活。接受到家政学滋养的人，能够建设好家庭，养育好子女，管理好自己及家人的生活，推动家庭文明，进而推动社会文明。

一、家政学的概念及其特点

（一）家政概念的内涵

家政起源于古代希腊的奥依科诺米卡（Oikonomika）一词，据说奥依科诺米卡的词源是希腊语中的Oikos和Nomos两个词，Oikos是家庭，而Nomos则是法、规则的意思，即探求"家的法及规则和秩序"的学问，因此将其理解为家政。

我们这里所说的家政是指综合运用自然科学、社会科学和人文科学的知识，对家庭生活进行设计与管理，以提高人们的生活质量。换句话说，就是运用多种学科知识，巧妙地安排家庭成员的衣食住行以及休闲、娱乐等家庭活动，从而保证家庭的每一个成员身体健康、心情愉快，并使家庭生活井井有条、丰富多彩、和谐美满。家政涉及家庭生活的各个方面，内容十分丰富，它不仅涉及物质生活方面，如衣食住行等，还包括精神生活方面，如家庭人际关系、休闲娱乐、艺术修养等。正因为家政内涵丰富、意义重大，才会有众多学者专门致力于对它进行研究，创立了家政学。

知识链接

家庭是社会的基本细胞，是人生的第一所学校。不论时代发生多大变化，不论生活格局发生多大变化，我们都要重视家庭建设，注重家庭、注重家教、注重家风，紧密结合培育和弘扬社会主义核心价值观，发扬光大中华民族传统家庭美德，促进家庭和睦，促进亲人相亲相爱，促进下一代健康成长，促进老年人老有所养，使千千万万个家庭成为国家发展、民族进步、社会和谐的重要基点。

——习近平主席在2015年春节团拜会上的讲话

家政学是由英文“Home Economics”一词翻译而来的。按其直译，应为“家庭经济学”，经济的含义不仅指节约金钱，同时包含合理使用家庭中的人力、物力、财力、时间等各种资源，有效地管理家庭事务，更好地协调家庭关系等。因此结合我国传统文化，将“Home Economics”译为“家政学”是很贴切的。

家政学是因家政而产生的一门科学。1912年，美国家政学会将家政学定义为运用自然科学、社会科学以及人文科学的知识，研究家庭生活的需要，解决理家问题及相关问题的综合科学。家政学是一个统称，它的研究领域包含家政的各项主要内容，即家庭关系、儿童养育与教育、饮食与营养、居室与环境、服装与织物、家庭健康、家庭文化。对于每一项内容，都有学者在潜心研究家庭不断变化的需要，探求满足人们的需要的最好方式。例如：营养专家研究什么样的饮食结构最有利于不同年龄阶段或不同身体状况的人的健康；食品专家研制既富含营养又方便食用的新产品；家庭关系专家研究怎样使夫妻关系、亲子关系更加和谐持久；儿童发展专家研究什么样的教育方法最有利于儿童身心各方面的发展等。可以看出，家政学完全以家庭生活为研究核心，从个人与家庭的需求出发，及时捕捉家庭生活中的变化和发展趋势，尽可能从积极的角度帮助人们建构美好家庭，减少因家庭而引发的问题。

随着时代的进步，社会经济的发展和科学技术的提高，家庭所面临的问题也不断变化，家政学研究的重点也随着时代的变迁不断更新和拓展。例如跨国婚姻中家庭关系的特点、人口老龄化带来的养老问题、网络时代的儿童教育问题、高科技产品在家庭中的应用等。家政学研究的内容已不仅仅局限在家庭内部事务，而是在人——家庭——社会这个密不可分的关系中探求人类发展的最佳环境，并研究在社会——经济——自然这个复合性体系中，家庭和自然、社会经济如何相互联系，相互作用。

知识链接

天下之本在国，国之本在家，家之本在身。

——孟子

（二）家政学的特点

家政学这门科学有两个显著的特点：

1. 综合性

综合性是指研究家政学需要多门学科知识的综合。家庭生活的丰富内涵决定了家政学必须建立在广博的知识基础上。学习或研究家政，需要从文学、历史、地理、数学、物理、化学、医学、生物学、心理学、教育学、社会学等多种学科中吸取养分。科学知识在家庭日常生活中的体现不是以门类划分、独立存在的，而是融会贯通的。解决一个家庭问题，常常需要用到自然科学、社会科学和人文科学等多方面的知识。因此，这些知识必须经过整合，有机地应用到家政学的各个领域，最终为家庭服务。以饮食与营养为例，它不仅需要以生物、化学知识为基础来理解食物营养成分在不同条件下的变化，还需要医学知识了解各种营养成分对人的生理机能的影响，更需要掌握食品加工技术，在确保食品营养价值的同时保持其口味鲜美。它还需要文学、历史和地理知识来了解不同民族和地区的饮食文化和习惯，以及美学知识来掌握菜肴的配色、餐具的摆设和餐厅的布置。所以，研究如何让人们吃得有营养、有味道，又有情趣，这其中大有学问。

同时，家政学十分注重各研究领域之间的相互依存关系，家庭关系、儿童养育、家庭管理、饮食与营养、服装与织物、居室与环境等任何一项研究内容都是不能脱离其他内容独立存在的。如果一个研究家庭关系的学者，不了解儿童发展的规律，不了解家庭经济管理中可能出现的问题，不了解饮食习惯的差异，不了解服装在人际交往中的作用，不了解居住环境对人的情绪和心理的影响，他怎么能够充分理解影响家庭人际关系的种种因素，并能提供有效的建议来帮助人们协调家庭关系呢？一位家政学学者，不论研究哪一项内容，都需要掌握一些家政学其他领域的知识。所以，一般来说，家政学系的学生，无论主修哪门专业，都需要选修其他家政专业的知识，以充实自己的知识基础。

2. 应用性

应用性是指家政学注重实际应用，它的使命在于帮助人们掌握最科学、最经济、最有效的解决日常生活各类问题的方法。因此，它尤其重视知识的应用而不仅是理论的探讨。家政学者研究出的成果，最终以各种形式投入对家庭实际生活的改善中。其中，有的付诸产品的开发和生产，有的应用到服务性行业以提高对家庭的服务质量，有的通过咨询机构、媒体、社会福利机构等为家庭排忧解难，还有的被提交到政府决策部门，为政府制定有关家庭的政策提建议，更多的则是以各种教育的形式，向广大群众普及和宣传家政学的知识和新发现，以及培养从事家政事业的专业人才。由此可见，家政学在社会发展中的应用范围是极其广泛的，家政教育可以为有关社会和经济许多部门输送专业人才。家政学对家庭生活、对人类发展的深切关注和实际作用是其他任何一门学科所无法比拟的。经过一个多世纪的实践，家政学对个人、家庭和社会的促进作用已为世人公认。

知识链接

社会需求呼唤的是关于“家” 的相关知识的教育

从家政学视角看，当前在国民教育体系里要推行的、各项社会需求呼唤的，应当是关于家的相关知识的教育，是家政教育，而不仅仅是家庭教育。家政教育，就是要通过教育，使孩子们从小到大能接受管理自己及家人生活的教育，学做人、学做事、理解家人、善待资源、建设美好家庭。这样，当他们做家长的时候，自然就不需要来恶补现在的教育知识，他们能使学校教育与家庭教育自然融合。而现在提的家庭教育，则是要家长们来履行好对子女的教育。但是，家长们如果都没有接受能引导孩子健康成长的知识体系教育，他们又如何能够履行家庭教育的功能和职能呢！家政教育才是真正滋养国民成长为高素质公民的学科。

二、家政学的发展与现状

家政学的创立始于美国。早在 1829 年，美国某师范大学的创始人提出妇女应学习家事理论和操作。1841 年，《家庭经济论文》出版，这是真正的家政论述的开始。1890 年，美国已有 4 所大学开设家政系。到了 19 世纪末，设置家政系的大学已增至 30 所。1899 年，美国 11 位致力于家政事业发展的人士在纽约的柏拉塞特湖俱乐部召开了家政史上著名的会议，确定了家政学的重要意义，为家政学的学科建设和家政教育的推广奠定了基础。当家政学作为一门系统的科学出现的时候，立即引起了许多国家的重视。19 世纪中叶，一些西方国家已经走上资本主义发展道路，经济的不断发展，新观念的逐步形成，为人们进一步追求高质量的家庭生活提供了物质文化条件。著名家政问题专家杜威曾指出：“对美国人民而言，再没有其他科目比发展家政科学更重要了。”随着这些观点逐渐为公众所了解与接受，家政学在许多国家迅速发展起来。1908 年，国际家政学会（IFHE）成立。1909 年，美国家政学会（AF-HE）成立。

第二次世界大战后，发达国家更加重视家政学和家政教育，家政学的理论、家政教育的体系和组织结构日趋完善。根据统计，1964 年美国设有家政专业的学校达 406 所。1970 年至 1983 年，每两年全国获家政学学士、硕士和博士学位的人数在 1.7～2.7 万。目前美国 3 000 多所大学中，1/3 的大学设有家政专业，家政学已涉及社会、经济、环境、资源、生态等各个领域。

实际上，家政学在中国并非完全的舶来品。中国的传统文化中包含着丰富的家政学的理论与思想。在“家为国本”的观念指导下，历朝历代都有专门的家政理论著作，倡导“诚意、正心、修身、齐家、治国、平天下”的儒家思想。其中具有代表性的有南北朝时期著名学者颜之推所著的《颜氏家训》、明末清初朱用纯所著的《朱子治家格言》等。他们所主张的道德培养、勤俭持家、知行并进、安分守己的理家之道，在封建社会备受推崇。从清末至民国初期，学校教育中纳入了家政的内容。1912 年，民国政府教育部在《中学校令施行规则》中规定学生必须学习“家事园艺”，即有关衣食住行、照顾病人、育儿、理财、栽培、烹饪等知识和技术。总的说来，在中国漫长的历史过程中，流传下来许多有关家政的论著，其中一些有关伦理教育、礼仪规范、育儿方法、理家技巧的内容，在现代生活中仍有实用意义。

中华人民共和国成立后，由于种种历史原因，在 1952 年的全国高校院系调整中，家政系被撤销了。20 世纪 90 年代，随着我国社会经济的迅猛发展，家政学的发展和系统的家政教育中断了数十年后，重新出现了蓬勃发展的势头。经济收入的增加、对外交流的增多，带来了家庭形式、家庭观念、生活方式的变化。人们对于提高生活质量的愿望和需求愈发强烈，并寻找各种途径完善自己的家庭生活。于是，报纸、电视、广播、网络纷纷为公众提供有关婚姻关系、儿童教育、营养保健、居室美化等方面的家政指导。各种家政培训班也应运而生，如家长学校、礼仪学校、烹饪学校、美容健身培训班等。现代家政的科学观念和方法在逐渐推广，人们对家政这个概念也逐渐认识与重视。然而，许多人对家政的理解还很局限。由于家政一词被频繁地使用到家庭服务行业，有些人误以为家政就是培养保姆。还有些人认为家政就是培养专职太太，只有那些有钱、比较闲的人才去学。这些误区都是由于家政教育还不够普及而造成的。

令人高兴的是，家政教育的重要性逐渐为人所识，许多中小学开始开设家政的相关课程或讲座。浙江省在全省中小学开设家政课程，小学为《生活与劳动》、初中为《家庭生活》，对提高学生的道德情操、生活技能、文化艺术修养效果十分显著。2019 年 6 月国务院办公厅印发《关于促进家政服务业提质扩容的意见》，明确提出要“提高家政从业人员素质，包括支持院校增设一批家政服务相关专业”。一些大学也已开设家政学选修课普及家政知识。

然而，同美国、日本等家政学的发展程度相比，我国的家政事业尚处在起步阶段，还有待更多人的理解和政府部门的支持。但家政学研究和家政教育的重要性是不容忽视的，它的前景也必然随着人们生活水平的提高和生活观念的变化而更为广阔。

三、家政教育的内涵及在高校女大学生中实施家政教育的必要性

（一）家政教育的内涵

家政学要真正发挥它在现实生活中的作用，除了将其研究的成果和开发的产品推广到社会服务大众，更重要的是通过教育让人们掌握科学的治家之道，靠自己来改善生活质量。1991 年，我国第二届家政理论研讨会上指出，家政教育就是："运用科学的态度和方法，通过学习、教育与训练，使人们掌握尽可能多的知识和技能，健全家庭管理，调节人际关系，提高家庭的生活质量，满足人的物质和文化需要，全面提高人的素质，使家庭更好地发挥各项功能。"家政教育的目的在于培养人的道德情操、生活技能，提高人的文化修养，促进人的身体与心理健康。家政教育的切入点是家庭生活，家政教育从日常事务引发，教会学生做人的道理和做事的技能。它既能贴近学生的亲身经验，又能综合运用各门学科的知识，有助于提高学生的兴趣和能动性，培养学生的全面素质。

每个家庭都有其独特的人员构成、生活习惯和交流方式，只有处于这个家庭的人才最了解它的特点，才能够根据这些特点创造出最适合的方式来提高生活品质。再周到的商业性服务也不可能满足每个家庭各方面的个性化需求。另外，感受家庭生活的乐趣，也只有通过自己的亲身参与才能够有最真切的体验，所以学会生活是非常重要的，也是家政教育的使命。

本教材从家政学和家政教育的基本概念入手，全面介绍女性与家庭婚姻的基础理论、女性与家庭饮食、女性与家庭服饰、女性与家庭环境管理、女性与家庭理财、女性与家庭健康、女性与家庭教育、女性与家庭文化，其根本目的是提高女大学生未来的持家能力，使其幸福生活、愉快工作。

图 1 - 1　女大学生家政实习

教育的目的是改善生活质量。但是，出于种种原因，大学毕业的众多女大学生中，不少人只学会了谋生，却没有学会生活，可见规划和创建美好生活的本领并非无师自通，家政教育恰恰可以弥补这一缺陷。如何平衡事业与家庭双重发展是当今众多女性面临的难题。

（二）在高校女大学生中实施家政教育的必要性

对于女大学生来说，家政教育的价值主要体现在以下几个方面：

1. 有助于女大学生学会解决实际问题

家政的内容，反映了人类衣食住行的基本生产活动和人类文化生活的典型活动。家庭生活的许多规则同样适用于社会生活。学生以家庭生活为切入点，学到做人的道理，锻炼处理各种事情的能力，能够为今后在社会大环境中应对各种问题打基础。

家政教育课程不是一系列公式的阐释和习题的演算，而是实际生活的模拟和演习。家政课的学习过程能促进学生将各门学科的知识融会贯通、灵活运用，并立即投入实践来解决生活中的实际问题。学生们所学的知识不再停留在书本上，而是可以立即得到运用和实践。因此，一方面，能够让女大学生直接受益——学会处理生活中的问题，养成良好的生活态度和习惯，培养自信和自立；另一方面，能够使女大学生立即体会到掌握科学知识带来的益处，增强学习的信心和动力，同时能够检验女大学生对所学知识是否真正理解，并强化他们对知识的灵活运用能力。

2. 有助于女大学生树立正确的家庭生活观念

家政教育的个性——家事、生活、做人。女大学生学习家政可以掌握：一是对待生活的态度；二是独立生活的能力；三是管理家庭的技能；四是对生活的创造；五是立身处世的礼仪；六是合理的营养及饮食设计；七是婚姻与家人的关系；八是服饰选择和健美；九是室内布置与家庭娱乐；十是幼婴身心发展及教导哺育。

图 1-2　女大学生进行家庭营养及饮食设计

3. 有助于女大学生未来家庭生活科学化发展

信息时代，科学技术发展日新月异，并日益渗透到家庭生活中，使家庭生活不断发生变化，可以说现代家庭生活是以科学技术为基础和支撑的，比如家庭生活材料种类的增多，家用机械、家用电器的涌现等。家政学将科学技术与家庭生活紧密地结合起来，探讨科学技术在家庭生活中的有效使用，从而使家庭生活走向科学化。此外，由于现代社会对这一行业的大量需求，在高校尤其是高等职业学校适当开设家政学专业，也可在一定程度上解决目前女大学生就业难的问题。

4. 为将来事业发展打基础

在家政课中学到的一些知识和技术很有可能成为学生今后事业发展的基础。

许多产业、商业和服务性行业都与家庭密切相关，都需要应用家政学知识。多一分对家庭特点与需求的了解，就能更好地为家庭与其成员提供产品与服务。也许在学习家政的过程中，学生会发现自己对家政的某一领域特别感兴趣或在某一方面有特长，这对于学生将来确定未来发展方向、求职择业都有益处。

5. 有助于大学生提高综合修养和素质

学习家政的意义不仅仅在于最终学会了什么样的生活技能，更在于培养人的道德情操、文化艺术修养，以及解决问题、协调关系的能力，提高综合素质。家政教育在许多西方国家，还是进行道德教育的重要途径。人们认为家政教育使儿童从小懂得如何做人，将他们培养成为一个有利于家庭幸福的人，进而成为一个辅助社会进步的人，这样才是一个完整的人。在这些国家，家政教育不仅广泛影响了家庭，并成了学校教育不可缺少的一部分。例如，在美国、英国、澳大利亚、日本、韩国等，家政课从小学就已进入学生的课程表，使孩子们早早就对个人、家庭和社会的关系有了初步的理解，树立起爱护家庭、关心他人的意识以及科学生活、保护环境的观念。这些国家几十年的实践证明，家政教育对公民素质的提高起到了深远而持久的影响。

家政教育应该从小学开始，因为一个人生活观念的建立和习惯的养成，是从小开始培养的。许多人都有体会，儿童时期形成的一些行为习惯很难改变。因此，越早接受科学的指导，越有利于长大后自然地用恰当的方式对待生活。尽管男性、女性都在家庭中扮演着无法互相取代的角色，都有着同样重要的地位，并平等地承担着家庭的责任，但针对女大学生开展家政教育依旧十分必要。

大学里开设家政课，已经算是补课了，不过还不算太晚，从现在开始学会更好地照顾自己，使生活更有条理和规律，减少对父母的依赖，以便为将来离家创业、独立生活打下基础。另外，树立了健康的生活观念，选择了良好的生活方式，你自己今后创建家庭的构想就会更加明确，也更能够得心应手地营造美好生活。

第二节　家庭的一般概述

家庭是社会的基本单位，家庭的功能健全关系到社会的平稳发展。很多社会问题，如家庭暴力、青少年犯罪、能源浪费、环境污染等，都源于家庭生活的不合宜。因此，家庭生活品质的提高不仅仅关系到个人的舒适与满意，更能促进整个社会的安定与和谐，而女性作为家庭中的重要成员，其对家庭其他成员的影响也是极大的。

一、家庭内涵

人们常把家庭比喻成人生的起点，呱呱坠地的婴儿在它的怀抱中渐渐长大，然后走向社会、融入社会。美国作家爱默生说：“家庭是这样一个地方，在一日生活中，人们的胃口得到三餐的满足，而人们的心灵却得到千百次的满足。”确实，家庭不仅仅是我们吃饭睡觉的场所，它还给我们提供成长发展中所需要的一切。家庭就是以婚姻、血缘和收养为组织纽带的社会生活组织。

（一）家庭的本质和特征

1. 两性结合，延续后代

没有两性的结合，没有婚姻，也就没有家庭。因此，两性结合进行种族繁衍是家庭最主要的特征，这也是家庭与其他社会组织形式相比最大的区别所在。

2. 家庭是社会发展的产物，有其自身产生和发展的历史

家庭并不是与人类社会同时出现的，而是社会经济发展到一定阶段的产物。在人类漫长的历史发展过程中曾先后出现过四种家庭形态：血缘家庭、普那路亚家庭（群婚家庭）、对偶家庭和一夫一妻制家庭。从近期发展来看，家庭结构形态也发生了很大的变化，其中，经济基础起了关键作用。由此，我们可以看到：家庭是在不断变化的，它随着社会的发展从低级阶段向高级阶段发展，生产方式的变化、生产力的发展是家庭发展的决定性因素。

3. 家庭是人类的基本群体

家庭不仅为人们创造了社会的基本条件，而且满足了人们从物质到精神的多方面需要。由于家庭成员以姻亲、血亲为纽带，因此，其成员关系密切、稳定、持久，感情深厚，具有很强的凝聚力。对每个人来说，从出生到长大成人，走入社会，要经过漫长的过程。家庭是这个过程的起点，年幼者不仅需要父母的哺育，还需要他们的关爱和教育，从而学会基本的社会生活技能，发展个性。家庭成为人们生存的一种方式和环境，对人的一生都会产生重大影响。

（二）家庭的结构和生命周期

1. 家庭结构

家庭结构是指家庭成员的组合状况，是家庭中代际结构的统一组合形式。

我国当代家庭的主要类型有以下几种：

（1）核心家庭。一般由一对夫妇及其未婚子女生活在一起而组成。这种家庭只有一个核心，即夫妻关系。在核心家庭中还有一种特殊家庭，就是一对夫妇由于不能生育又不愿意抱养孩子或不愿意生育等原因而没有子女的家庭。核心家庭是我国家庭的主要形式，占家庭总数的60%。

(2) 主干家庭。是由一对夫妇与父母和未婚子女聚居的家庭。它是核心家庭纵向扩大的结果，由于代际增多，家庭关系比核心家庭复杂。这种家庭还有一些特殊形式，如夫妇或父母残缺一方的单亲主干家庭等。我国主干家庭约占家庭总数的30%。

(3) 联合家庭。是指由父母和几个已婚子女以及孙子女组成的家庭。

(4) 其他家庭。是指一些不完全的家庭，如残缺家庭、断代家庭、单身家庭等。残缺家庭是指夫妻有一方因离婚、去世而同未婚子女生活在一起的家庭；断代家庭是指只有一代未婚青少年与祖父母（或外祖父母）组成的家庭；单身家庭是指孤寡老人以及那些终身不娶（嫁）而又独身居住的男人或女人。

2. 家庭的生命周期

一个家庭从成立到消失，大约经历五六十年，一般来说，过程中要经历各种不同阶段：①新婚夫妇的两人世界阶段；②孕育孩子阶段；③为人母、为人父并养育孩子阶段；④孩子长大成人阶段；⑤老年阶段。其中20年，家庭生活的中心在于养育孩子。

知识链接

家庭建设的实际应用价值

第一，家庭建设采用综合性视角，将改变我国家庭教育指导人员学科背景单一的局限，有助于从多方位和多样化的角度构建高质量家庭建设指导服务体系。

第二，我国家庭学科教育相对于许多西方国家起步晚，人们对家庭学科教育缺乏正确的认识，建立一个比较完整的家庭学科体系，可以弥补我国各级各类学生在家庭生活理念、思维方式与科学知识传递的缺位状态。

第三，家庭属于不被重点关注的领域，很少有学者将私人领域提到公共领域来研究，设立家庭学科有助于从家庭视角制定更多的社会政策和家庭福利。

二、家庭的功能

一般来说，家庭是具有生产、性生活、消费、抚养和赡养、教育、休闲娱乐等各种功能的小型社会群体，并且对社会的稳定和发展有着重要的作用。

（一）生产功能

家庭生活资料方面的生产功能是指在个体经济存在的前提下，生产是以家庭为单位来进行的，这样的家庭具有生产功能。我国历史上的农民家庭长期以来就是一个自给自足的生产单位，家庭既占有生产资料，又组织生产。自改革开放以来，我国农村实行了家庭联产承包责任制，城乡个体经济快速发展，但生产功能在一些家庭中仍处于重要位置。随着社会生产力的发展，家庭的这种物质生产功能将不断减弱，最后将被社会化大生产所取代。

人类自身繁衍的生产功能，目前仍是家庭的一项很重要功能。当前随着医学技术的发展，价值观的改变，家庭自身繁衍的生产功能出现了淡化趋势，许多发达国家人口出生率越来越低，甚至出现负增长。

（二）性生活功能

人类的性生活与动物不同，一方面要求在一定的社会形式下进行，控制在家庭制度之下，限定在缔结成婚姻关系的夫妻之间，受到法律、道德等多种社会因素制约。另一方面，人类的性生活高于一般动物本能，需要建立在爱情的基础之上，而爱情是排他的和专一的，只有家庭才是满足男女两性生活的合法场所。但目前家庭的组成还受到许多经济和社会因素的限制，不完全基于爱情，所以不乏婚外性的出现，有的夫妻虽然有婚姻关系，但是没有爱情的性关系。

（三）消费功能

人的生活消费基本上是在家庭中或通过家庭来进行的，也可以说家庭是社会最基本的消费单位。家庭成员通常将自己的劳动收入汇集一起，统一计划和使用，个人消费在很大程度上受到家庭的影响和制约。以家庭为单位来核算人们的生活收入和支出，是社会消费的一个基本特点。家庭和家庭成员的消费水平既取决于又决定着社会的消费水平，而社会的消费结构与家庭的消费水平、心理密切相关。

（四）抚养、赡养功能

家庭承担着为社会繁衍人口的职能，人在婴幼儿乃至少年时期不能独立生活，必须由家庭（特别是父母）来抚养，否则人类就不能延续下去。而人到了老年，身体机能严重下降，逐渐丧失了劳动和自我照顾能力，就要依靠家庭、子女来赡养、照顾。

抚养子女和赡养老人是人类维系、享受家庭情感的义务与必需。抚养子女的同时往往才能体恤父母抚养自己的辛劳，赡养老人的同时往往存在对子女将来赡养自己的寄托，抚养与赡养过程渗透着人类特有的亲情，传承着人类的家庭情感。离开了赡养，人类对子女抚养的义务也会逐渐淡漠，进而影响人类的繁衍和社会文明的进步。

诚然，随着社会的文明进步，社会养老育子的功能会越来越完善。但是赡养老人与抚养子女是一种社会责任，家庭的抚养和赡养功能不会消失。因为人除去满足生理需要外，还有情感的需要，家庭成员的亲情不是社会福利所能代替的。

（五）教育功能

家庭是对人进行教育的最基本场所，对人的一生成长至关重要。家庭教育是一种基础教育，这种基础教育首先表现在婴幼儿时期，父母往往是孩子的第一任老师，家庭也就成为人生的第一课堂。家庭教育又是一种终身教育，家庭对成员，尤其是对子女始终产生着潜移默化的深刻影响，一个人即使开始或已经接受学校教育和社会教育后，仍然不断受到来自家庭的教育和影响，往往一生也不能摆脱家庭的教育和熏陶。家庭的教育功能往往由年长者来执行或发挥影响。因此，提高家庭中年长者，特别是父母的教育能力和技巧，对于发挥家庭的教育功能具有十分重要的意义。

（六）精神生活功能

家庭是人们休息和娱乐的重要场所，人们的许多心理、精神上的需要是在家庭中实现的。特殊的血缘关系和长期的共同生活，使家人之间有一种情感上的依恋，这种情感使家庭成员感到心情放松、愉悦、温暖，可以疏解来自家庭之外的各种压力，调节情绪。

随着社会文化事业的进步，人们生活水平的提高，一方面人们对休息、娱乐方式的选择范围越来越大，许多休闲娱乐走出家庭；另一方面各种休闲娱乐设施进入家庭，使家庭娱乐与家人温馨氛围紧密结合，更加满足了人们情感的需要，是一般的娱乐和休闲方式不能取代的。

（七）稳定社会功能

家庭作为社会的细胞，是社会结构的最基本单位，是个人走向社会的起点和联系社会的基本环节，它执行着社会对个人的社会化要求，传递着社会对个人的控制。儒家思想认为，修身，齐家，而后治国，平天下。中国还有一句俗话“家和万事兴”，从某种意义上也阐述了家庭与国家的紧密联系。因此，家庭对于社会的稳定发挥着重要的作用。

三、现代中国家庭特点

中华人民共和国成立以后，建立了以公有制为主体的经济制度，废除了封建等级特权，人民成为国家与社会的主人，宪法规定人与人是平等的，人的权利、人的价值得到社会的尊重和法律的保护。妇女享有和男子一样的社会地位并得到法律的确认和保护，使封建的宗法家长制失去了存在的社会基础。改革开放以来，我国经济稳步快速发展，劳动中的机械化程度越来越高，科技在生产中的贡献越来越大，农村大量剩余劳动力逐步向城镇转移，社会福利等公益事业逐步加强，传统的大家庭便逐步走向消亡，女性在家庭中的地位稳步上升。目前我国家庭主要表现出以下几点变化：

（一）家庭规模缩小

家庭小型化是世界家庭发展的趋势。家庭小型化给家庭带来许多新变化。一是使家人关系简化，在一定程度上摆脱了大家庭中处处事事都要考虑大小辈分等不合理的约束，减少了一些可有可无的权利和义务，家庭成员有更多的时间安排个人生活、学习、工作、娱乐等。二是家庭成员减少，家庭成员之间的交流机会相对增多，家人关系更加亲密。三是更便于管理，因为家庭人口减少，家庭生活安排的自由度较大，意见也容易统一。

（二）家庭功能有所变化

1. 消费功能在加强

从前，我国家庭消费功能主要是维持家庭成员的基本温饱，家庭消费仅限于基本生存资料消费。随着人民生活水平的显著提高，教育、娱乐等发展资料和享受资料的消费被进一步强化。

2. 精神生活功能逐步增强

家庭成员之间不再只是血缘和姻缘纽带的结合，更加注重心灵交往和情感的交流。当然一些现代化的娱乐设备进入家庭，也丰富了家庭文化生活。

3. 家庭事业功能不断扩大

目前提高文化、技术、知识水平，已经成为广大家庭关心的热点问题。越来越多的人利用工作之余，在家中学习文化、开展科研、搞技术创新。尤其是对子女的智力投资成为当代家庭的重要事业。

（三）生活观念与对家庭价值的认识趋向现代化

其他家人关系都是由夫妻关系衍生或延续而来的。能否妥善处理夫妻关系之外的家人关系，在一定程度上影响着夫妻关系，关系到家庭生活是否美满。不断更新的生活观念与对家庭价值的认识逐步趋向现代化。

四、全面培养女性素质，提升家庭幸福指数

随着妇女解放运动的深入，女性在社会和家庭中的作用日益彰显。女性素质直接决定了家庭幸福与社会的和谐程度。家庭幸福是一个多层次、多指标的概念，既涉及夫妻关系，同时涉及代际成员关系。家庭幸福是涵盖幸福观、幸福感和幸福指数三个层面的含义。那么女性应当具有什么样的素质才能更好地发挥其作用，促进家庭幸福？

（一）科学文化素养

教育子女是一项极其复杂的工程，母亲由于这一身份的特殊性，成为这项工程中最主要的角色。母亲的素质决定子女的素质，决定着国家的希望，女性是产生希望的希望。女性素质越高，她就越明了家庭和社会的关系，家庭对于社会的重要性，其协调家庭各种关系的能力、管理家庭事务的能力、抚养子女的能力和其合理运用法律武器维护自身权益的能力就越强，这样，家庭的氛围就越融洽、温馨、和谐。反之，则是家庭悲剧一幕幕地上演，社会的不和谐之音越来越多。

（二）思想道德素质

家庭伦理道德是维系家庭关系、保障家庭温馨幸福和社会文明健康发展的重要条件。随着社会的急剧发展，在现代家庭中夫妻冲突愈演愈烈，各种夫妻矛盾不断升级。加上中国已经进入“未富先老”的国家行列，老龄化问题也日益严重，老人的赡养问题面临着巨大挑战。而具有高尚道德的妇女在家庭中能够尊老爱幼，相夫教子，勤俭持家，团结邻里等，对整个家庭成员产生重大影响，可以为构建和谐家庭打下坚实的基础。

（三）不断觉醒的主体意识

在新时期女性只有对自身在社会中的角色做出合理定位，强化自身的社会意识，自我权益受到侵犯时，自觉运用法律武器保护自己，才会以积极进取的姿态参与社会竞争，发挥其自主性、积极性、创造性。为此，女性要自觉摆脱各种封建残余思想，克服依附男性的观念，要不断提高自身的素质和创新能力。

女性要适应家庭和社会角色，就必须借助各种途径接受新信息、新知识，加强学习，开阔自己的视野，提高自己的创新能力，否则很难保证和维持家庭的和谐及其在社会中的地位。应鼓励女性树立“自立、自强、自尊、自信”的人格魅力，提高女性们的科学文化素质，思想道德素质，主体意识，激活她们能动的创造因子，用更高的能力和素质来驾驭自己的人生，主导家庭的和谐，进而为构建和谐社会贡献自己的一份力量。

幸福美满的家庭有利于每个家庭成员自由、平等和健康、全面地发展，有利于社会的和谐与进步。社会的不断发展，对家庭女性提高自身素质有了更高的要求的同时，也为女性实现自身发展提供了越来越多的机遇。但是，随着市场经济的深入发展，改革开放的不断推进，人们的思想空前活跃，社会意识出现了多样化的趋势。反映在家庭领域，表现为家庭成员思想意识和文化需求的多样性和复杂性，社会的深刻变革给婚姻家庭领域带来了一些前所未有的现实问题，一些家庭出现了价值观念扭曲、道德行为失控、子女教育有误、婚姻稳定性下降、家庭暴力加重等问题。解决这些问题都必须有妇女的积极参与。因此，女性要树立现代家庭观念，学习科学教子的知识和方法，崇尚科学、健康、文明的生活方式，追求充实健康的精神文化生活，充分发挥在构建幸福家庭中的积极作用，从而提升家庭幸福指数，推进社会的文明进步。

第三节　女性与家庭和谐

当今女性对于家庭有着很高的期望，都希望自己有个温馨幸福的家，希望自己在社会上争取自由发展的空间的同时，享受家庭给予的温暖和其特有的轻松氛围，更渴望高质量的家庭生活。现代女性，其成就虽然已不仅仅局限于相夫教子，但仍是家庭中最具影响力的角色。从更深层意义上讲，家庭是社会的细胞，家庭成员的幸福、家庭的安定，必将带来社会的稳定和发展。

一、什么是爱情

（一）爱情的内涵

爱情是一种极富情感之物，但又是一种十分入理的理性之物，它是一种深层次上的感情与理想相统一的东西，也是人的自然情感与社会情感相统一的东西。爱情的外壳是美丽的，五光十色的，充满幻想与浪漫情调，但它的内核却是现实的、理性的。当爱情的外壳随着岁月的流逝而逐渐失去其斑斓色彩而爱情内核的理性光辉得以外显时，这时的爱情就显得更加崇高和更加珍贵。总而言之，爱情就是男女之间发自内心的互相爱慕并渴望对方成为自己终身伴侣的一种崇高感情与共同理想相统一的情理之物。

> **知识链接**
>
> 了解爱情的人往往会因为爱情的升华而坚定他们向上的意志和进取精神。
>
> ——培根（英国）

（二）爱情的结构

爱情是一种社会现象，它是由诸多要素构成的。爱情的结构有以下几个要素：

1. 美的要素

爱情美的要素，就是爱情对象形象美和心灵美的要素。一个人所爱的对象一定是美的。所谓情人眼里出西施，就是认为自己爱的人是美的。这个美包括形象美、气质美、道德美和语言美等。概括地说，就是外部形象美和内心心灵美。不同的人对所爱慕对象的美有不同的注重，如有的注重形象美，有的注重心灵美，有的则两种美同时注重。

2. 情感要素

人的情感，是人对外界信息刺激的肯定或否定的心理反应。也可以说，情感是人对客观现实态度的体验；通常是由某种事物是否能满足人的需要而引起的，满足需要的一般能引起肯定的感情，如喜欢、满意、爱慕等，反之则引起否定的情感，如厌恶、憎恨、仇怒等。爱情里的情感要素就是喜爱、倾慕、爱慕等。

3. 价值要素

爱情价值要素实际上就是爱情价值观问题。爱情价值是一个多内涵的东西，它包括外貌、人品、志趣、职业、理想、文化修养等。在现实生活中，不同的人，有着不同的爱情观，譬如，有的注重相貌，有的注重人品，有的注重职业，有的注重门第，有的追求理想型的爱情，有的追求现实型的爱情等。一般说来，多数人的爱情观较为现实，较为理智。这是因为，人们都明白，爱情的载体是人，人品是第一位的。再说，恋爱本身不是目的，而真正的目的是男女双方志同道合地努力工作，生儿育女，居家过日子。简而言之，在爱情价值内涵中，人品价值是最核心的东西。

4. 道德要素

爱情是一种社会现象，男女之间的恋爱是一种社会行为。既然如此，爱情就必然包含着社会道德要素，就必然受道德准则和道德规范的约束。我们知道，婚姻是受法律保护的，爱情是受社会道德制约的。纯真的爱情是排他的。爱情的“专一”与“排他”是爱情纯洁与真诚的表现，也是社会道德所规定的一条爱情准则。爱情的纯洁与真诚要靠“专一”与“排他”来保护，只有如此，恋爱的男女双方才能步人爱情的圣洁殿堂。

图 1-3　爱情的圣洁殿堂

（三）爱情的周期

爱情周期性是夫妻双方爱情与心理发展的代谢过程。爱情与心理的代谢，就是情感的呼吸，就是情感的吐故纳新，就是扬弃旧的东西，吸纳新的东西。这同人的呼吸代谢，即呼出二氧化碳，吸入氧气，同血液循环代谢，即静脉血排出废物，动脉血输送氧气、养料是一样的。

爱情从高潮到低潮，就像海水的潮涨潮落一样，是一种正常现象。不过爱情的潮起潮落常常有生理的、心理的和精神的衍生物和伴随物同时出现，如家庭生活出现可喜的事物，或夫妻一方或双方的工作、生产出现了新的成绩等正效益因素，同时可能出现一些负效益因素，如夫妻吵架，际代关系紧张，或经济原因造成的矛盾激化，或有第三者插足等。有正效应的衍生物或伴生物出现，即使爱情处于低潮，也很快会转化为高潮。若有负效应衍生物、伴随物出现，即使爱情处于高潮期，也会很快跌入低谷。夫妻双方对于爱情的周期，特别是在爱情处于低潮时期所表现出来的种种现象，应该认真对待，若有不正常伴随物出现，就更要慎重对待，认真处理，处理的方法就是夫妻双方在感情和心理上要主动地进行调适。

二、择偶的标准

择偶的过程受到很多社会和心理因素的影响，但有时人们对此却浑然不觉。

（一）择偶趋势

择偶的一种趋势是“同型相配”。一个人往往倾向于选择在种族、宗教、民族背景和社会阶层方面与自己相似的人做配偶。没有结过婚的人倾向于选择没有婚史的人，而离过婚的人则倾向于选择离异的人。

“父母印象”也悄悄地影响你的择偶标准，男性很可能会选择与他的母亲相像的女性为妻，而女性则可能寻找一个与自己父亲类似的男性。实际上这是家庭文化对你的影响，如果你成长在一个讲究饮食的家庭，你就很可能想找一个会烹调的配偶；如果你的父母温和而包容，你也会希望在配偶身上看到同样的品质。

“接近原则”也是一个常见的趋势，也就是说我们倾向于在自己居住地附近的范围内选择配偶。尽管现代生活的流动性已经拓展了我们交往的空间，你仍然很有可能与一个靠近你家附近的人结婚。当然这并不意味着你会和邻居结婚，而是说，如果你是江苏人，你找一个新疆伴侣的可能性就很小。

（二）影响择偶的因素

1. 个性特征

每个人都有着一系列独特的性格特征，这些特征会吸引一些人，也会让另一些人望而却步。在选择配偶时，我们需要了解哪些品质对婚姻的稳定性影响最大。价值观的相似性是美满婚姻的基础，它使得双方很容易达成共同的思想、感受和目标，也使得双方更容易沟通和理解。性格的互补性也有助于婚姻的稳定。例如，一个喜欢拿主意、做指挥的人，与一个随和、愿意跟从的人可以组成很好的搭档。事实上，人们也会由于这种“互补需要”而相互吸引。另外我们还需要明白，性格的相容有时并不是匹配和拼接，它需要磨合和调整才能达到和谐的状态，所以择偶不是“你＋X＝幸福”的数学题，而是能够产生幸福的化学反应式。

2. 家庭背景

有研究表明，在幸福家庭中长大的孩子更有机会获得幸福婚姻。因为幸福童年有助于形成感情上的安全感，而在充满敌意或纷争的家庭中长大的孩子在与别人的情感关系中容易感到不踏实。当然这个规律也有例外。见证父母幸福婚姻的人可能对美满婚姻充满期待，并认为幸福应该是自然而轻松地获得的，他们可能不愿意花费力气去经营自己的婚姻。还有一种可能是，如果一方或双方都曾经历过父母的婚姻问题造成的不稳定生活，他们会更有动力去追求自己的美好婚姻，他们愿意付出一切代价来建立一个幸福家庭。

家庭背景除了能够对你的婚姻态度和期望有着潜移默化的影响，它还以一种更直接的方式介入选择配偶。那就是父母对你选择对象的认可。如果父母对你未来的伴侣感到满意，你的婚姻就会有一个充满祝福和希望的起点，婚姻成功的可能性也因此而增大。

3. 兴趣爱好

如今，人们的业余时间越来越多，业余活动的选择也越来越广，恋爱双方往往利用休闲活动来促进感情。一般来说，有着共同兴趣爱好的夫妻婚姻幸福的概率比较高。虽说过度依附彼此可能会产生负面效果，但享受彼此陪伴的夫妻或恋人有更多机会创造出丰富多彩、生机勃勃的人生。志趣相投的恋人通过共同参与休闲活动缓解压力、提升自我、增进交流、巩固安全感，并产生一种相依相伴的感觉。同时，共享业余时间也为感情生活增加了一个有助于相互欣赏的层面。恋爱的人应该讨论双方的社交和娱乐的兴趣，了解彼此的期望，并尝试共同参与一些活动，这样才可能找到与自己最默契、最合拍的伴侣。

4. 教　育

通常情况下，受教育程度相仿的人更容易找到共同语言。教育水平差异过大不利于交流，也会增加双方建立共同爱好的难度。学习专业的差异有时也会影响人的思维方式、兴趣爱好和知识面，从而影响双方交流的形式和质量。受教育程度往往直接影响职业选择，而职业又进一步影响经济收入，有时，不得不透过教育背景来预测未来家庭的经济前景。

5. 社会标准

每个社会对择偶都有约定俗成的标准，有些标准未必合理，但它能拨动我们权衡轻重的指针。例如：男女双方的学历、身高、年龄的差距。当我们的选择超出了人们广泛接受的常态，就可能遭遇阻力，如父母的反对、他人的揣测和议论，甚至嘲笑。对于这些，你需要有足够的心理准备和理性的判断，而且要有勇气坚持自己正确的选择。

很多人以为世界上只有唯一的一个适合自己的人，而且与这位“如意郎君”或“如花美眷”在一起时会事事顺心、美满一生。因而，有些正在恋爱的人总在疑惑自己是否找对了人，有些失恋的人抱定自己曾经沧海难为水，对发展新的关系失去信心。但是，很多事实表明，唯一者的说法是没有依据的。可以肯定的是，你绝不会以你现在爱这个人的方式去爱另一个人，原因很简单，因为每一个人都是不同的，所以你会以不同的理由和不同的方式去爱不同的人。而且你肯定能够发现值得你爱的不止一个人。否则我们如何解释丧偶的人再婚后仍然会找到幸福，受过感情创伤的人在新的爱情中也会神采焕发呢？

三、规划婚姻

在恋爱的初期，双方的首要任务是增进彼此的了解，测试双方在价值观、态度、习惯等性格特征方面的相容性。当两人的感情发展到一定程度，就可能萌发结为夫妻的意愿，有的恋人会以订婚的形式来宣布这一决定，有的不借助任何仪式，但无论怎样，双方对未来生活的憧憬和筹划更多地进入交流的话题。共同对未来生活进行规划是非常必要的。这一阶段，恋人的关系向着更现实的方向过渡，这恰好可以为进入婚姻提供心理准备和物质准备。热恋阶段充满浪漫的、理想化的色彩，每个人都努力展示自己最好的一面，彼此的注意力也往往在对方可爱的一面，因此在这一时期你很难看到一个“完整”的人。可是，你能否接受或忍受对方身上你不喜欢的性格特点，对今后的生活更为重要。当恋人在关系稳定逐渐踏实下来后，会在很多细节上放松警惕，在讨论今后生活的具体问题时我们能看到双方更本质的一面。

检验彼此的关系能否保证共同生活和谐顺利，你需要关注以下问题：

（1）我能够接受他/她的缺点而与之一起生活吗？

（2）能想象并接受他/她在婚姻中所要做的各种角色扮演吗？例如在配偶父母、同事、朋友、爱慕者等面前的表现。

（3）我愿意把自己托付给这种关系并为之做出必要的牺牲以满足他/她的需要吗？

（4）是否感到我的伴侣真正接受了我，愿意满足我的需要，并能在关键时刻提供可靠的感情支持？

（5）我们之间有款款深情和持久友谊吗？

（6）我们之间有身体和性的吸引力吗？

（7）我们有共同的兴趣和一致的目标吗？

（8）我们在一起时，我喜欢我所扮演的角色吗？

（9）我们已经战胜过去的恋情所带来的情感伤害和“威胁”了吗？

（10）我们有共同的价值观吗？我们的关系公平、平等吗？

（11）我对自己、对方和彼此关系的期望现实吗？

（12）我们是否比较、讨论过彼此对婚姻的目标和期望，并妥善处理了分歧，达到了双方满意的结果？

对上述问题的否定回答并不必然导致婚姻之路的终结，虽然你必须停下来考虑一下可能出现的潜在障碍。你对这些潜在问题所采取的态度和解决措施将最终决定婚姻的结果。

知识链接

和谐的家庭空气是世界上的一种花朵，没有东西比它更温柔，没有东西比它更知道把一家的天性培养得坚强、正直。人生真正的幸福和快乐浸透在亲密无间的家庭关系中。

——德莱塞（美国）

四、营造和谐、美好的家庭氛围

和谐、平等、民主、和睦的家庭人际关系是家庭幸福的催化剂。俗话说，家和万事兴。可见，如果一个家庭所有成员能团结一致，家庭生活中的各项事务就能轻松处理，无论什么样的困难、问题都能迎刃而解。人生最大的快乐与最深的满足，最强烈的进取心与内心最深处的宁静感，莫不来自亲密温暖的家庭。

（一）建立安全感

要让家庭成为避风的港湾，成为冬夜旅途中你最向往的灯光，最首要的就是营造一种令人感到安全的心理氛围。安全氛围由四种元素构成：

第一元素：信任。家庭成员之间的信任应是双向的。一方面家人能够满足自己的需要，并能够在关键时刻得到支持和帮助。另一方面家人也相信你能同样把他/她的事放在心上。

大家彼此信赖的基础首先是相互间足够的关心。忙得忽略家人的父母不可能得到孩子的信任；仅靠礼物来表示关心的丈夫也不能令妻子信赖。只有敏感地体察、耐心地倾听、无私地帮助才能使大家相信彼此是可以依靠的大树。

第二元素：无条件的爱。无条件的爱并非无原则的爱，只是父母的爱不应该用孩子的“乖”和“好”来交换，夫妻的爱不应该“你一瓢，我一勺”地斤斤计较。在孩子犯错时，父母应该就事论事，而不要借题发挥贬低孩子的品质，或以收回爱为要挟，应该把孩子和他的行为分开，让孩子明白你不喜欢的是他的某些行为，但你始终爱他。夫妻之间应该有的是长久的相互陪伴和扶持，需要的是彼此的感激和欣赏，而不是一次次条件的等价交换。

第三元素：彼此珍视。任何人不论相貌美丑、言行敏拙，都是唯一的、不可替代的。赏识并不只是孩子需要，每个人在任何年龄都需要有被认可、被接纳和被欣赏的眼光，才有动力去变得更好。老说自己的孩子不如别人，父母真的愿意用自己的孩子与别的孩子交换吗？如果不，那就别总是拿他的缺点去比较别人的优点，还一脸恨铁不成钢的遗憾。或许孩子是一块稀有金属，只是父母没有发现。夫妻之间也是如此，虽然知道他/她不是最优秀的，但他/她是与你的要求最贴近的，那么就该时时提醒自己注意他/她那些曾让你心动的优点，而不是挑剔彼此的缺点。只有相互接纳，才可能觉得家是一个不怕“出丑”、不怕暴露自己脆弱和无助的地方，一个完全属于自己的安全空间。

第四元素：共情。试图站在别人的立场上去体会他/她的经历与感受，理解他/她的所思所想。首先我们应该尊重彼此的情感。你可以不接受他/她所有的行为，但必须接受其所有的情绪感受。我们必须认识到自己对某个情境的情感反应不是唯一合理的反应。别人站在一个不同的角度上，根据他的经验做出的推断，完全有可能与你的不一样。不要笑话或轻视其他人表现出的幼稚、“小题大做”。给家里的每个人自然流露情感的空间，不压抑自己的感受。如果我们真正学会换位思考，并对彼此的反应表现出理解和安慰，情绪激动的一方更能够尽快冷静下来，主动调节自己的情绪，表现出大家所期望的理智行为。

充满心理安全感的氛围会感到自己在家中是无价之宝。自我价值得到肯定是树立自信心的基础。心里踏实、自信的人能够在更广阔的世界中勇敢探索，实现更大的自我价值。

（二）鼓励坦诚交流

坦诚开放，意味着每个人在家里都应坦白、自在，无须掩饰，能够坦率地说出自己的意图和感受。这样的氛围中，无论是大人还是孩子都能够自如地展示自己的本色，卸去不必要的心理包袱，有利于大家的交流、沟通，家庭关系也更容易亲密融洽。

要让每个人感受到宽松的氛围，对彼此诚实、坦率，最根本的要求是相互尊重。重视孩子所描述的每一件小事，欣赏他的奇思怪想，给他的笑话捧场，为他的发现欢呼。重视老人的意见，即便他（她）的观点早已过时，也不该表现出不胜其烦的神态。如果你对其他人的一切感兴趣，他们没有理由不向你说心里话。家人间的交流应成为习惯，但不见得要排在日程表上，一周几次，一次多长时间像吃药似的刻板、无趣。真正乐于交谈的家庭中大家随时都能搭上茬，谈话自然地开始，轻松地进行，愉快地结束，整个过程对谁来说都像是一种享受。谈话像喝茶一样随意、舒畅，亲人之间的感情才能更加交融。遇到难以公开交谈的话题，或因为时空阻隔，家人之间还可以采取纸笔交流的方式。写信、留言、发短信或发电子邮件都是不错的选择。当涉及敏感话题，如性、恋爱或自己的难言之隐，纸笔交流可以避免面对面谈话的尴尬，也可以防止谈话中双方的情绪引起的争吵。纸笔交流还可以谈得更透彻，因为落在纸上的话一般都是经过深思熟虑的。因为传统文化的影响，许多人在表达感情方面很拘谨、克制。虽然一家人在耳鬓厮磨、朝夕相处中蓄积了深厚的亲情，似乎已经一切尽在不言中了，但再深厚的情感也需要表达和交流才能互相带来激励、慰藉和愉悦。可以用各种各样的方式表达相互的爱——语言、微笑、拥抱、亲吻、抚摸、拍打、嬉闹、善意的玩笑等。并不一定非要学习西方人把“爱”字挂在嘴边，含蓄的语言和动作同样可以充分表达关爱。

（三）添加盎然情趣

安排得当的家庭活动能够活跃家庭气氛、调节家庭关系、沟通情感、增加生活情趣。家庭活动包括有规律的家庭日常活动，特别日子的家庭活动，如节日、生日或纪念日的庆祝活动，以及因特殊事件而安排的家庭活动，如庆祝乔迁、欢迎远客等。

家庭日常活动从早晨起床到晚上入睡，平凡而琐碎，日复一日，它们构成了家庭生活的主旋律，有节奏地持续着。我们需要这样有规律的生活，安心和从容，但不希望生活变得单调和乏味。如何处理日常生活的细节，是营造情趣盎然的家庭氛围的诀窍之一。

家庭日常活动的安排不要打乱原有的生活规律，并应充分利用现有的条件和便利，这样不需要花费很多心思去筹划和实施，不会因此而增加心理负担。兴致所至，信手拈来，家庭里的笑声却平添许多。节假日可以策划集体活动好好乐一乐，去郊游、看演出，撺掇上亲朋好友来个家庭游艺会，活动不在形式，大家开心就好，生活的情趣自然而然地就丰富起来了。

每个家庭都有一些特别值得庆祝或纪念的日子，这些浓墨重彩的日子为家庭生活增添跳跃的音符，使生活充满快乐和期待。亲人的生日、传统节日、结婚纪念日等一年一度的重要日子都是进行家庭活动的好时机。现代生活由于事情繁忙、工作紧张，人们常常将这些庆祝活动简化成吃一顿饭了事。其实，家庭庆祝活动是非常有意义的，我们通过这些应时应景的活动可以感受民俗风情、家庭传统和浪漫情趣。

（四）创建民主家风

家庭中的民主意味着人人平等，个个有发言权，孩子也不例外。凡事总是各人自作主张，不算民主。某个人拥有特权，不受约束，也不算民主；家里某一个人至高无上，颐指气使，更不算民主。

家庭的民主氛围，首先体现在所有家庭成员之间平时相处时的互相尊重上，更体现在决策时的共同参与方面。生活在同一个家庭里的人，包括保姆在内，不论辈分，不分男女，都应该平等相处。互敬互爱、民主协商的处事风格不仅有利于问题的有效解决，而且能让每个人都更愿意为这个家庭承担责任、献计献策，从而增进家庭的凝聚力。

家庭中的每一员除了分享关爱与亲情，还要分担责任。家长提供给孩子食物、住房、娱乐、教育，孩子也必须通过打扫自己的房间、帮忙跑腿、做家务等为家庭做贡献。老人虽然腿脚不便，仍可以请他们帮忙做一些简单的家务。免除老人、孩子分担家务的责任实际上剥夺了他们在家庭生活中获得成就感的机会。为家庭做贡献可以肯定自己在家庭当中的身份和地位，增强自信心，大多数孩子都会为自己“有用”而自豪，很多老人会因为自己还能发光发热而心安。

民主的家庭生活赋予每个人自由，同时不将任何人排除在家庭的规则以外。日常生活的稳定规律、家庭成员的明确分工、家庭的合理规矩，能够保障家庭生活的有效运转。

（五）营造学习气氛

学习已经成为现代家庭生活不可缺少的一部分。勤奋学习已经不仅是孩子的任务，在知识爆炸的年代，每个人都需要不断学习、充实知识、拓宽视野。学习氛围浓厚的家庭中，书香四溢，每个人谈吐间闪现智慧的光芒，家庭活动充满时代气息。

热爱学习的家庭氛围应该是时时刻刻自然流淌在家庭生活之中的。父母给孩子读书讲故事，家庭成员之间交换获得的最新信息，谈论读书体会，谈论学习带来的进步和变化，这些轻松愉快的家庭活动能潜移默化地促进家庭成员的学习兴趣和热情。

游览名胜古迹，参观动物园、博物馆，全家一同探讨宇宙的奥秘、人类的起源与大自然的神奇，一起了解动物世界的趣闻、历史的演变和未来世界的科学幻想。这样不仅可以丰富家庭生活，还可以激发家庭成员对世界万物的探究精神和学习求知的热切渴望。

不是读所有的书都需要伏案攻读，一些增长知识、打开眼界的读物，可以随手放在桌角、床头，以便可以信手拈来，随时翻阅。学会合理利用时间，制定科学的学习时间表，既利用整块时间，又利用“边角料”时间，有助于养成惜时如金的读书习惯。

五、解决家庭矛盾

现代家庭关系已不同于传统的等级森严的家长制家庭关系。现代家庭中的成员虽然所承担的角色不同，但成员地位是平等的，因此，互敬互爱、通情达理、求同存异是处理家庭矛盾的主要原则，保持冷静、就事论事、互谅互让是解决问题的关键。

（一）理解个人差异

不同年龄的人处于不同的发展阶段，每个发展阶段都有其特定的目标和要求。处于不同发展阶段的人的生理、社会性、情绪、智力方面的特点是不一样的。因此可以想象，祖辈、父辈、自己及晚辈思考问题、处理问题、表达情感的方式会有很大区别。另外，每个人自出生起就表现出独特的个性，加之受到生长环境、经历、教育的影响，家庭成员的性格、喜好、观点的差异是在所难免的。因此，相互之间的了解和理解，是达成相互尊重和宽容的前提条件。

人在不同的年龄阶段有各自的生活重点，会经历那个阶段特有的困难和烦恼。例如：蹒跚学步的孩子在跌跌撞撞中探索世界，常因力不从心而焦躁；青春期的少年苦苦找寻“我是谁?”的答案，力图确定自己的人生坐标；而立之年的青年为成家立业而辛勤奋斗，经受成功与失败的考验；上有老、下有小的中年人为背负的家庭重担操劳，在事业的沉浮中拼搏；刚刚进入人生新境界的退休老人，可能为离开原来的生活轨迹而感到不适与失落；垂暮之年的老人则可能因为对别人的依赖而苦恼，沉浸于对逝去岁月的追忆。

一个家庭成员可能需要扮演多个角色，承担多种责任。另外，家庭成员的角色不是一成不变的，每个家庭成员应该根据家庭生活的需要及时调整自己的位置，主动承担责任，尽自己力所能及的力量。例如：一个孩子在母亲出差时可以客串几日家庭的炊事员和保洁员。

（二）保持情绪冷静

当人们发生争执时，都容易情绪激动，言语过当，如果继续争论下去，不仅不能解决问题，还可能因为生气时的过激言论伤害彼此的感情。这种情况下，采用冷处理的方法，不让战火升级，给双方创造冷静反省的环境，有助于大家回到理智状态后，重新谋求一致。

冷处理的方式有视点转移法和暂时回避法。视点转移法就是双方都主动把注意力从可能发生分歧的问题上，转移到能够很快取得一致意见的问题上来。先求同，后求异，使问题水到渠成、迎刃而解。暂时回避法是在即将发生冲突或已经争执时选择回避，以求另辟蹊径，找寻更好的方法。孩子也有生气发怒的时候，教会他们如何发泄怒气，也是保持家庭愉快氛围的重要环节。要允许孩子有脾气，告诉他们发脾气的正当渠道。可以教孩子在生气的时候去打球而不是打人，去跳绳而不是跳脚，去唱歌而不是骂脏话，去找朋友谈心而不是躲在屋里生闷气。

（三）学会就事论事

一般的家庭矛盾都是由具体的事件引起的，可是在争吵时，人们往往喜欢把对方过去的过错，甚至对方亲戚朋友的缺点统统拿来作为攻击对方的武器，结果是问题没解决，怨气倒越积越多。采用诱因封闭法，也就是把争论的焦点控制在引发这次矛盾的直接诱因上，就事论事，可以避免把单一的、具体的矛盾扩大成复杂的、无限的恩怨。使用这种方法，大家都要遵守同一规则：凡是已经过去的事，无论谁对谁错，都不要再提；凡是别人家的事情，无论与谁有关，都不要随便牵连。最重要的是，当矛盾发生时，不要将家庭成员的意见分歧看作对自己的反感或排斥，不要将对别人看法的不赞同演变成对别人的否定或厌烦。对事不对人，理智地将注意力集中在如何解决问题上，而不是一定要分个你我高下、对错输赢。

解决问题时，需要尊重事实，以理服人。自以为是，忽略别人的意见，或拿自己的特权地位强迫别人按自己的意愿行事，只能导致不和谐，并不能真正解决问题。因此，公开民主的家庭讨论会常常是解决矛盾的最佳平台。

（四）努力互谅互让

当利益冲突时，就要站在对方的立场上分析利弊得失，不能只考虑自己的利益。“退一步海阔天空”，在家庭生活中没有什么比和睦的家庭关系更重要了，为家庭和亲人做一些让步，甚至牺牲是值得的。宽容大度是化解矛盾的良方。凡事不斤斤计较，即便有时受了委屈无法申辩，也不要钻牛角尖，而应通过自我的力量求得心理平衡。自我批评是消除隔阂的妙药。当意识到自己错了，或某些地方不对，就应该主动诚恳地向对方承认自己的不是，求得对方谅解。为了面子而拒绝认错的做法不利于矛盾的缓和。千万不要以他人是否自责为条件，“他的毛病比我多，为什么他不自我批评？”如果大家都这么想，矛盾永远不会解决。

（五）坚持合理合法

发生冲突的时候，其中一方暂时离开冲突现场，以避免直接接触，待双方冷静下来以后，再重新商量问题。

体育活动可以发泄因怒气而激发的能量，蒸发掉不快的情绪。打扫房间、擦地板既可以释放能量，也可以增加成就感。家庭关系不仅依靠伦理道德来维系，还受到法律的保护和约束。与家庭关系相关的法律法规有很多，如《婚姻法》《继承法》等。在家庭生活中，需要法律来维护家庭的总体利益或家庭成员的个人权益；在家庭内部发生纠葛，亲情的杠杆不能调节时，也需要借助法律公正地解决问题。

六、应对家庭危机

家庭危机可以被定义为家庭遭遇的使人们生活发生变化的重大事件。对于家庭危机，人们是毫无防备的，也没有现成的解决方案。对于一些人来说，家庭危机是幸福和成就的终止，他们在此后的光阴里终日幻想能恢复昔日的生活。对于另一些人，家庭危机而可能成为他们追求更远大的目标的动力。

当面对危机时，有的家庭一下子陷入混乱和痛苦，摇摇欲坠，有的家庭却仍能保持快乐、稳定的生活。为什么这些家庭能经受风霜呢？这是因为，他们能迅速利用各方力量支撑起受创的家庭，这些力量包括内在的精神力量、健康的身体、家人的相互支持、经济资源和来自朋友、社区的帮助。

（一）未雨绸缪

能够成功逾越危机的家庭大多根据多年的生活经验，在物质与心理上对可能出现的不测风云有所准备。这样，当危机发生时，人们就不会惊慌失措，而能够迅速调整心态，冷静考虑对策，调集各种资源应对危机。

（二）积极面对

当家庭危机发生时，以积极乐观的态度对待危机是战胜危机的关键。有些情况下，人们需要勇气做一些改变，重新计划和调整自己的人生。实际上，如果我们能够充分利用这种处境，就可能使危机变成改善生活的起点。有些时候，我们需要接受一些无可挽回的损失，如灾难发生、亲人去世。对于这些不可逆转的危机，我们只能接受现实。回避、消沉、怨天尤人不仅于事无补，反而会影响精力处理问题，使正常生活恢复缓慢。

（三）相互扶持

当家庭陷入危机时，牢固强大的家庭关系能够成为家庭的支柱。在艰难处境中，如果爱与安全感依然照亮全家，家庭就能顺利渡过难关。在这种时候，如果家庭成员相互指责、推卸责任，只能是雪上加霜，甚至会使人绝望。但如果家庭成员相互体谅、彼此安慰，就能使人有勇气走出困境。

（四）转变角色

有时家庭危机给家庭生活带来的变化可能导致家庭成员的角色的转变。例如当一位老人中风卧床，儿女就需要承担起照顾老人生活的责任。父亲失业了，母亲就需要承担更多的工作以增加经济收入。如果家庭成员拒绝角色的转变，就可能造成家庭更大的困难，甚至导致进一步的危机。每一个家庭成员都需要知道家里发生了什么，需要理解危机会对他们的生活产生什么样的影响，他们需要克服哪些困难，他们能做些什么。

（五）科学救助

当家庭危机超出了家庭所能控制的范畴，就应该寻求社会各方的支援和专业的救助。尤其是家庭成员遭遇的精神打击可能导致心理障碍时，仅靠劝说和安慰是不行的，还需要专门的心理医生进行科学疏导和治疗。

思考与训练

1. 中国自古流传下来的家政格言很多，你能说出几个吗？并分析、评价一下它们在我们的现代家庭生活中的意义。

2. 在你生活的家里，你在家庭关系、饮食、服装、居室环境等各个方面有哪些贡献？你对自己扮演的角色满意吗？

3. 请根据自己家庭的情况，为庆祝春节设计一些能增进家人感情、活跃家庭氛围而且可行的活动。

第二章　女性与家庭饮食管理

学习目标

1. 了解人体所需的六大营养素及各种营养素的食物来源。

2. 掌握膳食宝塔和膳食指南，了解特色人群的膳食指南及各种慢性疾病的饮食指南。

3. 了解各种食材在烹饪中的变化及合理保护营养的措施。

第一节　了解人体需要的基本营养知识

人的一生都离不开营养，从胚胎发育直至衰老死亡的生命全过程中，营养自始至终都起着重要作用，合理营养可以增进健康、保持人的精力旺盛。在家庭生活中，女性作为妻子、母亲、儿女等角色在饮食管理方面起着重要的作用。因此，了解饮食与营养相关知识对合理搭配家庭膳食有很重要的实践意义。

人体就像一台不停运转的机器，每时每刻都要消耗能量，人体消耗的能量要靠获取食物进行补充。食物中可以为我们的身体提供能量、构成我们身体各部分的原料和修复身体组织以及起生理调节功能的化学成分称为营养素。身体所需的营养素种类很多，一般分为七类，包括蛋白质、脂肪、碳水化合物（又称糖类）、维生素、水、无机盐和纤维素。

一、蛋白质

蛋白质是生命存在的形式，是生命的物质基础。蛋白质是所有营养素中最受重视的成分，是我们身体的关键成分之一。蛋白质的种类成千上万，它们对维持人体生命起着重要的作用。

1. 蛋白质的功能

（1）供给生长、更新和修补组织的材料。体内如蛋白质供应不足，会直接影响生长发育，造成体质下降，细胞生长、更新和修补的材料缺乏，影响机体正常新陈代谢。

（2）调节生理功能。机体生命活动之所以能够有条不紊地进行，有赖于多种生理活性物质的调节，蛋白质是构成多种具有生理活性物质的成分，参与调节生理功能。蛋白质构成的某些激素如垂体激素、甲状腺激素、胰岛素等都是机体的重要调节物质；免疫蛋白具有维持机体免疫功能的作用；血液中的运铁蛋白、脂蛋白等具有运送营养的作用等。

（3）供给能量。当机体碳水化合物和脂肪供能不足，或蛋白质摄入量超过机体更新所需时，蛋白质也是能量的来源。

2. 人体对蛋白质的需求

人体需要蛋白质的量随着年龄、性别、劳动强度等因素的不同而有所区别，一般成年人每天每千克体重需要蛋白质1.0～1.5g，一般每天75g左右，正在生长发育的青少年、孕妇、哺乳期的妇女需要蛋白质较多一些，一般每天每千克体重为1.5～3.0g。人体摄入蛋白质不足时，成年人会出现体重减轻、肌肉萎缩、免疫力下降、容易疲劳、贫血，严重者还会出现水肿等现象，未成年人会出现生长发育停滞、贫血、智力发育差、视觉差等现象。由于蛋白质在人体内不能储存，过量摄入会造成机体无法吸收，使人体产生代谢障碍，造成蛋白质中毒，严重者会造成死亡。

3. 蛋白质的膳食来源

蛋白质的植物性食物来源主要为粮谷类，如面粉、玉米、小米、黄豆、绿豆、红豆、黑豆及其制品等，其中，黄豆的蛋白质含量最高并且是优质蛋白质，含有人体需要的必需氨基酸等物质。蛋白质的动物性食物来源主要有蛋类、奶及奶制品、肉制品等，动物性食物中蛋白质为优质蛋白质，含有人体需要的8种必需氨基酸。此外，芝麻、瓜子、核桃、杏仁、松子等干果类食物中蛋白质的含量也较高。

图2-1　富含蛋白质的食物

二、碳水化合物（糖类）

人体中的碳水化合物有多种，包括淀粉、葡萄糖、果糖、半乳糖、蔗糖、纤维素、果胶等。

1. 碳水化合物的作用

我们每天的活动都需要消耗一定的能量，碳水化合物在人体中的最大作用是储存和供给能量，碳水化合物还能构成机体组织，具有解毒作用和节约蛋白质的作用。粗纤维（纤维素、半纤维素等）虽不能被人体消化吸收，但对人体可发挥特殊作用，这些粗纤维能促进胃肠蠕动和消化腺的分泌，有助于正常消化和排便，降低粪便中的细菌及其毒素对肠壁的刺激作用。

2. 人体对碳水化合物的需求

人体对糖类的需要量由工作性质决定，中国营养学会建议膳食中糖类的参考摄入量为每日总热量的55%～65%，每天摄入400～500 g粮谷类食物即能满足要求，重体力劳动者可适当增加摄入量。

3. 碳水化合物的食物来源

碳水化合物含量较多的食物主要为粮谷类食物，小麦、玉米，各种粗粮杂粮中含有大量的碳水化合物，蔬菜、水果中含有大量的膳食纤维素。

图2-2　富含碳水化合物的食物——谷物类食物

三、脂肪

脂肪是人体不可缺少的一种营养素，脂肪根据在常温条件下的状态可分为固态的脂（如猪脂、牛脂、羊脂等）和液态的油（如豆油、花生油、菜籽油等）。

1. 脂肪的作用

（1）储存并产生能量。脂肪是营养素中产生能量最多的一种。

（2）构成人体组织。脂肪中的磷脂和胆固醇是人体细胞的主要成分，脑细胞和神经细胞中脂肪含量最多。

（3）维持体温，保护内脏，缓解外部压力。

（4）提供人体必需的脂肪酸。

（5）增进食欲。没有脂肪或脂肪少的食物口味相对平淡，脂肪可以增加食物的风味。

（6）成为某些维生素的重要来源。鱼肝油和奶油富含维生素A、维生素D，许多植物油富含维生素E，脂肪还能促进维生素的吸收。

（7）增加饱腹感。脂肪在胃内消化所需的时间较长，可以让人不易感到饥饿。

2. 人体对脂肪的需求

研究发现，摄入脂肪量过高与肥胖、高血脂、高血压、动脉粥样硬化、胆石症、乳腺癌等高发有关，但考虑到供给人体必需脂肪酸、脂溶性维生素和能量等因素，摄入量也不宜过低，一般认为脂肪摄入量占每日总能量的20%～25%为宜，儿童比例可适当提高至25%～30%，中老年人则要控制脂肪和胆固醇的摄取量，当前部分中、老年人群脂肪摄入量占总能量的比例已超过30%，不利于心血管疾病等慢性退行性病变的防治。

3. 脂肪的食物来源

脂肪分为植物性脂肪和动物性脂肪，动物性脂肪所含饱和脂肪酸较多，植物油含不饱和脂肪酸较多，对人体的健康有很大的帮助。植物性脂肪的来源主要是烹调油如大豆油、花生油、芝麻油、葵花籽油，动物性脂肪主要来源于各种肉类，猪肉、羊肉含脂量较高，牛肉次之，鱼类较少。

四、维生素

维生素是维持和调节人体正常代谢的重要物质，人体进行的各种化学反应离不开酶的催化作用，而很多维生素是酶的重要组成部分，或者对酶起到辅助作用，饮食中如果缺乏维生素就会引起身体代谢紊乱，甚至患各种疾病。维生素是一个庞大的家族，目前已经发现的维生素就有几十种，大致可以分为两大类：一类为脂溶性维生素，包括维生素A、维生素D、维生素E、维生素K，它们可在体内储存，不需每日提供，但过量会引起中毒；另一类为水溶性维生素，包括B族维生素、维生素C等，它们不在体内储存，需要每日由食物提供，由于代谢快不易中毒。

图2-3　富含维生素的食物——蔬菜类

维生素的分类、功能、缺乏症及膳食来源见表2-1。

表2-1　维生素的生理功能、缺乏症及食物来源

分类	名称	生理功能	缺乏症	主要食物来源
脂溶性维生素	维生素A	维持正常的骨骼发育，维持正常的视觉反应，维持上皮组织的正常形态与功能，抗癌作用	骨骼钙化不良、甲状腺过度增生、夜盲症、生长发育障碍	鱼肝油、肝脏、胡萝卜等
	维生素D	对钙、磷代谢产生影响，维持肌肉、神经、骨骼的正常功能	骨质疏松、佝偻病	鱼肝油、肝脏、蛋黄、牛奶
	维生素E	维持生殖功能，高效抗氧化，维护骨骼肌、心肌、平滑肌和心血管功能，提高免疫力和预防衰老	不育、贫血、动脉粥样硬化	麦胚油等食用油脂、蛋、肝脏、肉类
	维生素K	促进血液凝固，参与体内氧化还原过程，增强胃肠道蠕动和分泌机能	出血或凝血时间延长	绿色蔬菜、动物肝脏、鱼类及肠道微生物合成

续　表

分类	名称	生理功能	缺乏症	主要食物来源
水溶性维生素	维生素 B_1	参与碳水化合物氧化，维护神经、消化和循环系统的正常功能	碳水化合物代谢障碍、神经系统能源不足、脚气病	粗粮、豆类、花生、瘦猪肉、肝、肾、心以及干酵母
	维生素 B_2	作为递氢体参与多种氧化还原反应，能促进糖、脂肪和蛋白质代谢，维持皮肤、黏膜和视觉的正常机能	妨碍细胞氧化作用，物质代谢发生障碍，引起唇炎、舌炎、口角炎	肝脏、肾、乳、蛋黄、河蟹、鳝鱼、口蘑、紫菜、豆类
	维生素 B_3	以辅酶A的形式，参与物质和能量代谢	一般不缺乏	食物中广泛存在
	维生素 B_5	参与三羧酸过程的脱氢作用，维护神经系统、消化系统和皮肤的正常功能，扩张末梢血管，降低血清胆固醇水平	癞皮病；神经营养障碍，如皮炎、肠炎和神经炎	动物肝脏、瘦肉、花生、豆类、粗粮及酵母
	维生素 B_6	多种重要酶系统的辅酶，参与转氨与脱羧作用，抗脂肪肝，降低血清胆固醇	影响蛋白质、脂肪代谢	葵花子、黄豆、核桃、胡萝卜，肠道细菌可合成一部分
	生物素	羧化酶的组成部分，直接参与一些氨基酸和长链脂肪酸的生物合成，参与丙酮酸羧化后变成草酰乙酸和合成葡萄糖的过程	毛发脱落，皮肤发炎	肝脏、肾脏、蛋黄、酵母、蔬菜、谷类，肠道细菌也能合成一部分，一般不缺乏
	叶酸	有造血功能，参与核酸、血红蛋白的生物合成	巨红细胞贫血症，育龄妇女体内缺乏叶酸导致新生婴儿“神经管畸形”	动物肝、肾及水果、蔬菜，肠道细菌也可合成部分叶酸
	维生素 B_{12}	提高叶酸利用率，增加核酸和蛋白质的合成，促进红细胞的发育和成熟，参与甲基化过程，维护神经髓鞘的代谢与功能	神经障碍、脊髓变性、脱髓鞘，并可引起严重的精神症状、恶性贫血	主要靠肠道细菌合成，动物性食品、发芽豆类中含量丰富
	维生素C	参与机体重要的生理氧化还原过程，维护血管的正常生理功能，抗感染，抗癌，参与体内解毒，促进生血机能，促进胆固醇代谢	易疲劳、抵抗力低下	柿椒、苦瓜、菜花、芥蓝、酸枣、红果、沙田柚、豆芽

五、矿物质

矿物质又称无机盐，占人体体重的4%～5%，既不能在人体内合成，也不能在机体代谢过程中消失。矿物质在人体的生命活动中具有重要作用，能够辅助身体内各种酶的活动，促进新陈代谢；能够参与体内各种激素的作用，微量矿物元素在抗病、防癌、延年益寿等方面都起着不可忽视的作用，人体缺少矿物质会得病，严重时甚至危及生命。

具体功能如表2-2和表2-3。

表2-2　人体中重要的常量元素功能一览表

元素	生理功能	缺乏症	主要食物来源
钠（Na）	调节体内水分与渗透压；维持酸碱平衡；维持血压正常；增强神经肌肉兴奋性等	一般情况下不宜缺乏。过多食盐加重心脏负担，引起高血压	食盐、酱腌菜等
钙（Ca）	构成骨骼和牙齿，维持细胞的正常生理状态；神经与肌肉活动；参与凝血过程	儿童缺钙患软骨病，老人缺钙患骨质疏松	奶和奶制品、海产品、豆类和豆制品、骨粉、蛋壳粉等食物中钙的含量也较高
磷（P）	构成骨骼、牙齿；构成软组织；参与机体能量代谢	软骨病，成年人膳食中Ca：P以1.5：1～1：2为宜，否则钙、磷的吸收都太少	肉、鱼、禽、蛋、乳及其制品含磷丰富
钾（K）	钾可以协同钙和镁维持心脏的正常功能；维持细胞与体液间水分的平衡，使体内保持适当的酸碱度	缺乏导致肌肉无力、瘫痪、心律失常、肾功能衰竭等	蔬菜、水果

表2-3　人体中重要的微量元素功能一览表

微量元素	生理功能	缺乏症	主要食物来源
铁（Fe）	参与形成血红蛋白、肌红蛋白；维持正常造血功能	缺铁性贫血	动物血、瘦肉、动物肝脏、鱼类
碘（I）	参与能量代谢；促进神经系统发育；垂体激素作用	甲状腺肿，克汀病，少儿呆小症	海带、紫菜、海鱼、干贝、海参等
锌（Zn）	体内生物化学反应的催化功能；构成酶的成分；调节蛋白质的代谢	生长缓慢、皮肤伤口愈合不良、味觉障碍（异食癖）、免疫功能减退等	贝壳类海产品、红色肉类、动物内脏等

续　表

微量元素	生理功能	缺乏症	主要食物来源
硒（Se）	构成含硒蛋白与含硒酶；抗氧化作用；对甲状腺激素有调节作用；维持正常免疫功能；抗肿瘤和艾滋病作用及维持正常生育功能	克山病	内脏、海产品、肉类等
铬（Cr）	加强胰岛素的作用，预防动脉粥样硬化，促进蛋白质代谢和生长发育等	缺乏导致生长迟缓	肉类、豆类、整粒粮食
氟（F）	牙齿的重要成分，适量氟可加速骨骼生长，维护骨骼的健康	牙釉质破坏，影响钙磷代谢导致骨质疏松	动物性食物

六、水

水是维持生命的重要物质基础，具有重要的调节人体生理功能的作用，人体的60％～70％都是水，正常情况下失去10％的水分就会昏迷，失去20％就会引起死亡，所以，水被誉为生命的温床。

1. 水在人体中的重要作用

（1）维持生理功能。人体的各种代谢和生理活动都离不开水，水可溶解各种营养物质，脂肪和蛋白质等要成为悬浮于水中的胶体状态才能被吸收。水在血管、细胞之间川流不息，把氧气和营养物质运送到组织细胞，同时把代谢废物排出体外。

（2）滋润、润滑作用。皮肤缺水，就会变得干燥而失去弹性，显得面容苍老；体内一些关节囊液、浆膜液可使器官之间免于摩擦受损，且能转动灵活。眼泪、唾液也都是相应器官的润滑剂。

（3）调节体温。当人呼吸和出汗时都会排出一些水分，在炎热的夏季，环境温度往往高于体温，人通过出汗使水分蒸发带走一部分热量来降低体温，免于中暑。在寒冷的冬天，由于水贮备热量的潜力很大，人体不致因外界温度低而使体温发生明显的波动。

2. 人体中水的摄入量及来源

成年人一般每天需要2 500 mL左右水，除了食物中的水外，每天需要饮水1 200毫升左右。如果水摄入量过多，超过肾脏的排出能力，也会引起体内水过多或水中毒。

除了自然界中存在的水之外，我们日常生活中经常接触的还有自来水、纯净水、矿泉水、矿物质水等，除了正常的饮用水，人体还可以通过饮料、茶等补充水分。

第二节　家庭饮食合理搭配

饮食是维持人体生命的物质基础，合理营养是健康之本。饮食对于人体健康影响是巨大的。我们既能因食得益，因食祛病，因食延年，也会因食伤身。因此，在我们日常生活中应注意饮食的科学性，一定要养成合理的饮食习惯才能达到营养均衡、保持健康的目的。

作为家庭中重要一员，大部分女性承担着家庭饮食的重担，因此了解膳食的合理性与平衡膳食是非常必要的。不同人群的膳食有很大的不同，了解一般人群、特定人群及常见疾病人群的膳食特点，对于改善家庭的饮食有很重要的帮助。

一、了解科学的饮食结构

为了更好地指导我国居民膳食，中国营养学会于 2016 年根据我国居民膳食情况发布了中国居民膳食指南并利用可视化的宝塔形式，把平衡膳食的原则转化成各类食物的重量，便于人们在日常生活中实行。作为家庭的重要成员，家庭女性了解膳食指南就能根据家庭成员的工作和身体情况合理地对家庭饮食结构进行搭配。

中国居民平衡膳食宝塔（2016）

盐 <6克
油 25~30克
奶及奶制品 300克
大豆及坚果类 25~30克
畜禽肉 40~75克
水产品 40~75克
蛋　类 40~50克
蔬菜类 300~500克
水果类 200~350克
谷薯类 250~400克
全谷物和杂豆 50~150克
薯类 50~100克
水 1500~1700毫升
每天活动至少6000步

图 2 - 4　中国居民平衡膳食宝塔

膳食宝塔共分五层，包含我们每天应吃的主要食物种类。膳食宝塔各层位置和面积不同，这在一定程度上反映出各类食物在膳食中的地位和应占的比重。

第一层位居塔的底层，是谷类食物，谷类食物的重量是指加工粮的生重，米饭和面包等应折合成大米或面粉重量计算；

第二层蔬菜和水果，是矿物质、维生素和膳食纤维的重要来源，蔬菜和水果丰富的膳食对预防慢性病，包括某些癌症有益处，一般来说，红、黄、绿色较深的蔬菜和水果所含营养素较浅色的丰富，蔬菜和水果有许多共同的地方，但不能完全彼此代替，不应只吃水果而不吃蔬菜；

第三层是动物性食物，主要提供动物性蛋白质和一些重要的矿物质、维生素，蛋类含胆固醇相当高，一般每天不超过 2 个为好；

第四层奶类与豆类，豆类除提供优质蛋白、维生素和矿物质外，还含其他对健康有益的成分，奶类及奶制品含优质蛋白质和丰富的钙质，我们膳食中普遍缺钙，奶类应是首选的补钙食物，很难用其他食物代替；

第五层是油脂类，油脂摄入量每天不超过 30 g，食盐每天不超过 6 g。

膳食宝塔建议的各类食物摄入量都是指食物可食部分的生重。各类食物的重量不是指某一种具体食物的重量，而是一类食物的总量，因此在选择具体食物时，实际重量可以在食物互换表中查询。

二、家庭一般人群的膳食营养指导

家庭一般人群指的是年龄在 2 岁以上的家庭成员。

（一）食物多样，谷类为主

任何一种天然食物都不能提供人体所需的全部营养素，良好的膳食模式是保障营养充足的基础。必须由多种食物组成，各种食物合理搭配，才能满足人体各种营养需求，达到合理营养、促进健康的目的。因此每天的膳食应包括谷薯类、蔬菜水果类、畜禽鱼蛋奶类、大豆坚果类等食物，为保证食物的多样性，平均每天摄入 12 种以上食物，每周 25 种以上。其中谷类、薯类、杂豆类的食物品种数平均每天 3 种以上，每周 5 种以上；蔬菜、菌藻和水果类的食物品种数平均每天 4 种以上，每周 10 种以上；鱼、蛋、禽肉、畜肉类的食物品种数平均每天 3 种以上，每周 5 种以上，奶、大豆、坚果类的食物品种数平均每天 2 种，每周 5 种以上。

谷类食物含有丰富的碳水化合物，是人体最经济的能量来源，也是 B 族维生素、矿物质、蛋白质和膳食纤维的重要来源。在食物多样的膳食基础上应坚持谷类为主，避免高能量、高脂肪和低碳水化合物膳食的弊端，应保持每天适量地摄入谷物食物，一般成年人每天摄入 250～400 g 为宜。

食用谷类食物要注意粗细搭配，经常吃一些粗粮、杂粮和全谷类食物，每天最好全谷物和杂豆类食用 50～150g，薯类 50～100g。在食物加工中，稻米、小麦不要研磨得太精，否则谷类表层所含维生素、矿物质等营养素和膳食纤维大部分会流失到糠麸之中。

（二）吃动平衡，健康体重

肥胖是众多慢性疾病的危险因素。近10年来中国肥胖率不降反增，而与之相关的慢病发生率也在逐年上升。高血糖、高血脂、肥胖病、冠心病等都与肥胖有密切的关系。因此体重是评价人体营养和健康状况的重要指标。体重的判断可以通过计算体质指数（BMI）的方法来判定是否是健康体重。

$$BMI = 体重（kg）/身高^2（m^2）$$

求出计算结果后根据表2-4、2-5判定是否是健康体重。

表2-4 成人体重判定表

分类	BMI（kg/m^2）
肥胖	BMI≥28.0
超重	24.0≤BMI<28.0
体重过低	BMI<18.5

表2-5 中国学龄儿童青少年超重、肥胖筛查体重指数（BMI）分类标准（kg/m^2）

年龄（岁）	男		女	
	超重	肥胖	超重	肥胖
6	16.6	18.1	16.3	17.9
7	17.4	19.2	17.2	18.9
8	18.1	20.3	18.1	19.9
9	18.9	21.4	19	21
10	19.6	22.5	20	22.1
11	20.3	23.6	21.1	23.3
12	21	24.7	21.9	24.5
13	21.9	25.7	22.6	25.6
14	22.6	26.4	23	26.3
15	23.1	26.9	23.4	26.9
16	23.5	27.4	23.7	27.4
17	23.8	27.8	23.8	27.7
18	24	28	24	28

吃和动是保持健康体重的关键。食物摄入量和身体活动量是保持能量平衡，维持健康体重的两个主要因素 。“吃动平衡”就是在健康饮食、规律运动的基础

上，保证食物摄入量和身体活动量的相对平衡。各个年龄段人群都应该坚持天天运动，维持能量平衡，保持健康体重。体重过低和过高均易增加疾病的发生风险。推荐每周应至少进行 5 天中等强度身体活动，累计 150 分钟以上；坚持日常身体活动，平均每天主动身体活动 6000 步；尽量减少久坐时间，每小时起来动一动，动则有益。

图 2－5 主动活动 1000 步与其他运动的关系

（三）多吃蔬果、奶类、大豆

新鲜蔬菜、水果、奶类和大豆及制品是平衡膳食的重要组成部分，坚果是膳食的有益补充。

蔬菜和水果是维生素、矿物质、膳食纤维和植物化学物的重要来源，富含果蔬的膳食摄入不仅能降低脑中风和冠心病的风险及心血管病的死亡风险，还可以降低胃肠道癌症的发生风险。因此在膳食中要餐餐有蔬菜，保证每天摄入蔬菜 300～500 克，其中深色蔬菜营养价值更丰富，应占 1/2。养成天天吃水果的好习惯，每天摄入 200～350 克的新鲜水果，注意饮用果汁不能代替鲜果。

奶类和大豆类富含钙、优质蛋白质和 B 族维生素，适当增加奶类摄入有利于儿童少年生长发育，促进成人骨骼健康，并对降低慢性病的发病风险具有重要作用。其中奶类营养丰富，组成比例适宜，并且宜消化吸收，酸奶制品还含有益生菌，是钙和蛋白质的良好来源，因此每天要摄入各种奶制品，摄入量相当于每天液态奶 300 克。每天摄入相当于大豆 25 克以上的豆制品，适量吃坚果。

图 2－6 蔬菜水果、奶制品、坚果类

（四）适量吃鱼、禽、蛋、瘦肉

鱼、禽、蛋和瘦肉含有丰富的蛋白质、脂类、维生素 A、B 族维生素、铁、锌等营养素，是平衡膳食的重要组成部分，是人体营养需要的重要来源。但是此类食物尤其是畜肉类的脂肪含量普遍较高，有些含有较多的饱和脂肪酸和胆固醇，摄入过多可增加肥胖、心血管疾病的发生风险，因此其摄入量不宜过多，应当适量摄入。

肥的畜肉，脂肪含量较多，能量密度高，摄入过多往往是肥胖、心血管疾病和某些肿瘤发生的危险因素，但瘦肉脂肪含量较低，矿物质含量丰富，利用率高，因此应当选吃瘦肉，少吃肥肉。动物内脏如肝、肾等，含有丰富的脂溶性维生素、B族维生素、铁、硒和锌等，适量摄入可弥补日常膳食的不足，可定期摄入，建议每月可食用动物内脏食物2～3次，每次25g左右。

在动物性食物中鱼和禽类脂肪含量相对较低，鱼类含有较多的不饱和脂肪酸，有些鱼类富含二十碳五烯酸（EPA）和二十二碳六烯酸（DHA），对预防血脂异常和心血管疾病等有一定作用。因此在饮食中优选鱼类产品。

蛋类各种营养成分齐全，其中的蛋黄是蛋类中的维生素和矿物质的主要来源，尤其富含磷脂和胆碱，对健康十分有益，尽管胆固醇含量较高，但若不过量摄入，对人体健康不会产生影响。

图2-7　鱼禽蛋肉类食品

针对各种肉制品的特点，推荐每周吃鱼280～525克，畜禽肉280～525克，蛋类280～350克，平均每天摄入鱼、禽、蛋和瘦肉总量120～200克即能满足人体需求。

（五）少盐少油，控糖限酒

1. 盐

高血压流行病学调查证实，食盐与高血压、肥胖和心脑血管疾病等慢性病发病率有密切的关系。50岁以上的人、有家族性高血压的人、超重和肥胖者，其血压对食盐摄入量的变化更为敏感，膳食中的食盐如果增加，发生心脑血管意外的危险性就大大增加。因此应当培养清淡饮食习惯，成人每天食盐不超过6克，此外，还要注意减少酱菜、腌制食品以及其他过咸食品的摄入量。

2. 油

烹调油除了可以增加食物的风味，还是人体必需脂肪酸和维生素E的重要来源，并且有助于食物中脂溶性维生素的吸收利用。但是过多脂肪摄入会增加慢性疾病发生的风险。因此在饮食中要控制油的摄入量，建议控制烹调油的食用总量不超过30克/天，科学用油并且搭配多种植物油，尽量少食用动物油和人造黄油或起酥油。选择合理的烹饪方法，如蒸、煮、炖、拌等，使用煎炸代替油炸；少吃富含饱和脂肪和反式脂肪酸的食物，例如饼干、蛋糕、糕点、加工肉制品以及薯条/薯片等。

3. 食 糖

食糖是指人工加入食品中的糖类，包括饮料中的糖，具有甜味特征，常见的有白砂糖、绵白糖、冰糖和红糖。添加糖是纯能量食物，不含其他营养成分，过多摄入会增加龋齿及超重肥胖发生的风险。因此，平衡膳食中不要求添加糖，若需要摄入建议每天摄入量不超过 50 g，最好控制在约 25 g 以下。

4. 酒

酒虽然是我们饮食文化的一部分，但是从营养学的角度看，酒中的营养元素含量很少。有许多科学证据证明酒精是造成肝损伤、胎儿酒精综合征、痛风、结直肠癌、乳腺癌、心血管疾病的危险因素。此外，由于酒含有较多的能量，特别是高度白酒，经常饮酒会造成能量过剩；同时，酒会影响食物营养素的吸收，造成营养素缺乏。因此从健康的角度出发，男性和女性成年人每日饮酒应该不超过酒精 25 克和 15 克。换算成不同酒类，25 克酒精相当于啤酒 750 ml，葡萄酒 250 ml，38°白酒 75 克，高度白酒 50 克；15 克酒精相当于啤酒 450 ml，葡萄酒 150 ml，38°白酒 50 克，高度白酒 30 克。另外要倡导中华民族良好的传统饮食文化，在庆典、聚会等场合不劝酒、不酗酒，饮酒时注意餐桌礼仪，饮酒不以酒醉为荣，做到自己饮酒适度，他人心情愉悦。

5. 水

水是人体含量最多的组成成分（约占 75%），是维持人体正常生理功能的重要营养素。水能促进和参与体内物质代谢，有利于营养物质的消化吸收；能协助物质运输，既是体内运输营养物质的载体，又是排泄代谢废物的媒介；保持组织器官的形态，调节人体体温，是组织系统的湿润剂。一般来说，健康成人每天需要水 2 500ml 左右，在温和气候条件下生活的轻体力活动的成年人每日最少饮水 1500～1 700ml（约 8 杯），在高温或强体力劳动的条件下，应适当增加。饮水不足或过多都会给人体健康带来危害，饮水应少量多次，要主动，不要感到口渴时再喝水，饮水最好选择白开水。

（六）杜绝浪费，兴新“食尚”

我国人口众多，食物浪费问题比较突出，食源性疾病状况也时有发生。减少食物浪费、注重饮食卫生、兴饮食新风对我国社会可持续发展、保障公众健康、促进家庭亲情具有重要意义。

勤俭节约，珍惜食物，杜绝浪费是中华民族的美德，应按需选购食物，按需备餐，提倡分餐不浪费。选择新鲜卫生的食物和适宜的烹调方式，保障饮食卫生。要学会阅读食品标签，合理选择食品。

在家吃饭本是中国的饮食传统，但目前随着现代化工作、生活节奏的加快，在外就餐的比例大大增加。有些年轻夫妻甚至很少在家做饭或陪父母吃饭。而在外就餐更加容易摄入较多的能量、脂肪、盐等，因此创造和支持文明饮食新风的社会环境和条件，应该从每个人做起，回家吃饭，享受食物和亲情，传承优良饮食文化，树立健康的饮食新风。

三、为特定人群指导膳食营养

一个家庭除了成人之外，还有的包括孕期妇女和哺乳期妇女，婴幼儿及学龄前儿童，青少年、老年等特定人群，应了解这些特定人群的生理特点和营养需要，以便更好地指导合理健康的饮食。

（一）孕期妇女的膳食营养

营养作为最重要的环境因素，对母子双方近期和远期健康都将产生至关重要的影响。孕期胎儿的生长发育、母体乳腺和子宫等生殖器的发育，以及为分娩后乳汁分泌进行必要的营养储备，都需要额外的营养。因此妊娠各期妇女膳食应在非孕的基础上，根据胎儿生长速率及母体生理和代谢的变化进行适当的调整。孕早期胎儿生长发育速度相对缓慢，所需营养与孕前无太大差别。孕中期开始，胎儿生长发育逐渐加速，母体生殖器官的发育也相应加快，对营养的需要增大，应合理增加食物的摄入量，孕期妇女的膳食仍是由多样化食物组成的营养均衡的膳食，除可保证孕期的营养需求外，对较大婴儿对辅食的接受和后续多样化膳食结构的建立有一定的影响。孕期妇女应在一般人群膳食的基础上做到以下 5 点。

1. 补充叶酸，常吃含铁丰富的食物，选用碘盐

叶酸对预防神经管畸形和高同型半胱氨酸血症、促进红细胞成熟和血红蛋白合成极为重要。孕期叶酸应达到 600 ugDFE/d，除常吃含叶酸丰富的食物外，还应补充叶酸 400 DFE/d。为预防早产、流产，满足孕期血红蛋白合成增加和胎儿铁储备的需要，孕期应常吃含铁丰富的食物，铁缺乏严重者可在医师指导下适量补铁。碘是合成甲状腺素的原料，是调节新陈代谢和促进蛋白质合成的必需微量元素，除选用碘盐外，每周还应摄入 1～2 次含碘丰富的海产品。

2. 孕吐严重者，可少量多餐，保证摄入含必要碳水化合物的食物

(1) 孕早期无明显早孕反应者可继续保持孕前平衡膳食。

(2) 孕吐较明显或食欲不佳的孕妇不必过分强调平衡膳食。

(3) 每天必须摄取至少 130 g 碳水化合物，首选易消化的粮谷类食物。

(4) 可提供 130 g 碳水化合物的常见食物：180 g 米或者面食，550 g 薯类或鲜玉米。

(5) 进食少或孕吐严重者需寻求医师帮助。

3. 孕中晚期适量增加奶、鱼、禽、蛋、瘦肉的摄入

孕中期开始，每天增加 200 g 奶，使总摄入量达到 500 g/d；每天增加鱼、禽、蛋、瘦肉共计 50 g，孕晚期再增加 75 g 左右；深海鱼类含有较多 n－3 多不饱和脂肪酸，其中的二十二碳六烯酸（DHA）对胎儿和视网膜功能发育有益，每周最好食用 2～3 次。

4. 适量身体运动，维持孕期适量增重

孕期进行适宜的规律运动除了可以增强身体的适应能力，预防体重过多增长外，还有利于预防妊娠期糖尿病和孕妇以后发生2型糖尿病。身体活动还可以增加胎盘的生长及血管分布，从而减少氧化应激和炎症反应，减少疾病相关的内皮功能紊乱。此外，身体活动还有助于愉悦性情；活动和运动使肌肉收缩功能增强，还有利于自然分娩。只要没有医学禁忌，孕期进行常规活动和运动都是安全的，而且对孕妇和胎儿均有益处。

5. 禁烟酒，愉快孕育新生命，积极准备母乳喂养

孕妇应禁烟酒，还要避免被动吸烟和不良空气，情绪波动时多与家人和朋友沟通，向专业人员咨询；适当进行户外活动和运动有助于释放压力，愉悦心情；孕中期以后应更换合适的乳罩，经常擦洗乳头。

（二）婴幼儿膳食

对于7～24月龄婴幼儿，母乳仍然是重要的营养来源，但单一的母乳喂养已经不能完全满足其对能量以及营养素的需求，必须引入其他营养丰富的食物。与此同时，7～24月龄婴幼儿胃肠道等消化器官的发育、感知觉以及认知行为能力的发展，也需要其有机会通过接触、感受和尝试，逐步体验和适应多样化的食物，在此阶段父母及喂养者的喂养行为对其营养和饮食行为有显著的影响。顺应婴幼儿需求喂养，有助于健康饮食习惯的形成，并具有长期而深远的影响。针对7～24月龄婴幼儿营养和喂养的需求，可遵循7～24月龄婴幼儿的喂养指南，推荐以下6条：

1. 继续母乳喂养，满6月龄起添加辅食。
2. 添加辅食从富含铁的泥糊状食物开始，逐步添加达到食物多样。
3. 提倡顺应喂养，鼓励但不强迫进食。
4. 辅食不加调味品，尽量减少糖和盐的摄入。
5. 注重饮食卫生和进食安全。
6. 定期监测体格指标，追求健康生长。

小贴士

婴儿添加辅食的顺序

首先添加谷类食物（如婴儿营养米粉），其次添加蔬菜汁或蔬菜泥和水果汁（水果泥）、动物性食物（如蛋羹、鱼、禽、畜肉泥/松等）。建议动物性食物添加的顺序为蛋黄泥、鱼泥（剔净骨和刺）、全蛋（如蒸蛋羹）、肉末。

（三）学龄前儿童膳食

学龄前儿童正处在生长发育阶段，新陈代谢旺盛，对各种营养素的需要量相对高于成人，与婴幼儿时期相比，此期生长速度减慢，各器官持续发育并逐渐成熟。学龄前儿童膳食的关键是供给其生长发育所需的足够营养，建立良好的饮食习惯，为其一生建立健康膳食模式奠定坚实的基础。

1. 食物多样，谷类为主。儿童的膳食必须是由多种食物组成的平衡膳食，才能满足其各种营养素的需要，因而提倡广泛食用多种食物。学龄前儿童的膳食也应该以谷类食物为主体，并适当注意粗细粮的合理搭配。

2. 多吃新鲜蔬菜和水果。

3. 经常吃适量的鱼、禽、蛋、瘦肉。

4. 每天饮奶，常吃大豆及其制品。

5. 膳食清淡少盐，正确选择零食，保证正常体重增长。

学龄前儿童胃容量小，肝脏中糖原储存量少，又活泼好动，容易饥饿。应通过适当增加餐次来适应学龄前儿童的消化功能特点，以一日“三餐两点”制为宜。通常三餐能量分配中，早餐约占30%（包括上午10点的加餐），午餐约占40%（含下午3点的午点），晚餐约占30%（含晚上8点的少量水果、牛奶等）。

对学龄前儿童来讲，零食是指一日“三餐两点”之外添加的食物，用以补充不足的能量和营养素，是学龄前儿童饮食中的重要内容，应予以科学的认识和合理的选择。

6. 食量与体力活动要平衡，保证体重正常增长。儿童需要保持食量与能量消耗之间的平衡。消瘦的儿童应适当增加食量和油脂的摄入，以维持正常生长发育的需要和适宜的体重增长；肥胖的儿童则应控制总进食量和高油脂食物摄入量，适当增加活动（锻炼）强度及持续时间，在保证营养素充足供应的前提下，适当控制体重的过度增长。

7. 不挑食、不偏食，培养良好的饮食习惯。

8. 吃清洁卫生、未变质的食物。

（四）学龄儿童

学龄儿童是指从6岁到不满18岁的未成年人。他们处于学习阶段，生长发育迅速，对能量和营养素的需要相对高于成年人。均衡的营养是儿童智力和体格正常发育，乃至一生健康的基础。因此在饮食中除了按照一般人群的饮食指南外还要注意以下几点：

1. 认识食物，学习烹饪，提高营养科学素养

家庭、学校和社会要共同努力，开展儿童少年的饮食教育。家长要将营养健康知识融入儿童少年的日常生活；学校可以开设符合儿童少年特点的营养与健康教育相关课程，营造校园营养环境。

2. 三餐合理，规律进餐，培养良好饮食习惯

儿童应做到一日三餐，饮食包括适量的谷薯类、蔬菜、水果、禽畜鱼蛋、豆类坚果，以及充足的奶制品。两餐间隔4～6小时，三餐定时定量。要每天吃早餐，保证早餐的营养充足，早餐应包括谷薯类、禽畜肉蛋类、奶类或豆类及其制品和新鲜蔬菜水果等食物。三餐不能用糕点、甜食或零食代替。要做到清淡饮食，少吃含高盐、高糖和高脂肪的快餐。

3. 合理选择零食，禁止饮酒，多饮水，少喝含糖饮料

零食是指一日三餐以外吃的所有食物和饮料，儿童可选择卫生、营养丰富的食物作为零食，如水果和能生吃的新鲜蔬菜、奶制品、大豆及其制品或坚果。油炸、高盐或高糖的食品不宜做零食。要保障充足饮水，每天800～1400 ml，首选白开水，不喝或少喝含糖饮料，更不能饮酒。

4. 不偏食节食，不暴饮暴食，保持适宜体重增长

儿童应做到不偏食挑食、不暴饮暴食，正确认识自己的体型，保证适宜的体重增长。要通过合理膳食和积极的身体活动预防超重肥胖。对于已经超重肥胖的儿童，应在保证体重合理增长的基础上，控制总能量摄入，逐步增加运动频率和运动强度。保证每天至少活动60分钟，增加户外活动时间。

（五）老年人饮食

随着年龄的增加，老年人的器官功能出现渐进性的衰退，如牙齿脱落、消化液分泌减少、消化吸收能力下降、心脑功能衰退、视觉和听觉及味觉等感官反应迟钝、肌肉萎缩、瘦体组织数量减少等，这些改变均可明显影响老年人摄取、消化和吸收食物的能力，使得老年人营养缺乏和慢性非传染性疾病发生的风险增加。因此，老年人的膳食营养特点为：热能不高，蛋白质质量好，数量足而不过多，动物脂肪少，无机盐与维生素充足。老年人的饮食计划应以成人均衡饮食为基础，注意食物的种类与烹调方式，以配合老年人现有的生理状况、生活环境及营养需要。

1. 少量多餐细软；预防营养缺乏

不少老年人牙齿缺损，消化液分泌减少，胃肠蠕动减弱，容易出现食欲下降和早饱现象，以致造成食物摄入量不足和营养缺乏，因此，老年人膳食更需要相对精准，不宜随意化。在饮食中将食物切小切碎，或延长烹调时间；多选嫩叶蔬菜，质地较硬的水果或蔬菜可粉碎榨汁食用；蔬菜可制成馅、碎菜，与其他食物一同制成可口的饭菜（如菜粥、饺子、包子、蛋羹等），混合食用。在烹调中采用炖、煮、蒸、烩、焖、烧等进行烹调，少煎炸、熏烤等方法制作食物。高龄和咀嚼能力严重下降的老年人，饭菜应煮软烧烂，如制成软饭、稠粥、细软的面食等；对于有咀嚼吞咽障碍的老年人可选择软食、半流质或糊状食物，液体食物应适当增稠。

2. 主动足量饮水；积极户外活动

饮水不足可对老年人的健康造成明显影响，而老年人对缺水的耐受性下降，因此要主动足量饮水，养成定时和主动饮水的习惯。正确的饮水方法是少量多次、主动饮水，老年人每天的饮水量应不低于1200 ml，以1500～1700 ml为宜。饮水首选温热的白开水，根据个人情况，也可选择饮用矿泉水、淡茶水。

适量的户外活动能够让老年人更好地接受紫外光照射，有利于体内维生素D合成，延缓骨质疏松和肌肉衰减的发展。老年人的运动量应根据自己的体能和健康状况即时调整，量力而行，循序渐进。一般情况下，每天户外锻炼1～2次，每次30～60分钟，以轻度的有氧运动（慢走、散步、太极拳等）为主；身体素质较强者，可适当提高运动的强度，如快走、广场舞、各种球类等，活动的量均以轻微出汗为度；或每天活动折合至少六千步。

3. 延缓肌肉衰减；维持适宜体重

延缓肌肉衰减的有效方法是吃动结合，即一方面要增加摄入富含优质蛋白质的食物，另一面要进行有氧运动和适当的抗阻运动。

（1）常吃富含优质蛋白的动物性食物，尤其是红肉、鱼类、乳类及大豆制品。

（2）多吃富含 n－3 多不饱和脂肪酸的海产品，如海鱼和海藻等。

（3）注意蔬菜水果等含抗氧化营养素食物的摄取。

（4）增加户外活动时间，多晒太阳，适当增加摄入维生素 D 含量较高的食物，如动物肝脏、蛋黄等。

（5）适当增加日常身体活动量，减少静坐或卧床。如条件许可，还可以进行拉弹力绳、举沙袋、举哑铃等抗阻运动 20～30 分钟，每周 3 次以上。进行活动时应注意量力而行，动作舒缓，避免碰伤、跌倒等事件发生。

4. 摄入充足食物；鼓励陪伴进餐

良好的沟通与交往是促进老年人心理健康、增进食欲、改善营养状况的良方。老年人应积极主动参与家庭和社会活动，主动参与烹饪，常与家人一起进餐；独居老年人，可去集体用餐点或多与亲朋一起用餐和活动，以便摄入更多丰富的食物。对于生活自理有困难的老年人，家人应多陪伴，采用辅助用餐、送餐上门等方法，保障食物摄入和营养状况。社会和家人也应对老年人更加关心照顾，陪伴交流，注意老人的饮食和体重变化，及时发现和预防疾病的发生和发展。

四、为常见疾病人群指导膳食

随着经济迅速发展，人们生活水平不断提高，大量的高盐、高蛋白、高热量食物代替了以往相对健康的清淡食品，不合理饮食导致了糖尿病、高血压、心血管疾病等现代慢性疾病。而科学的膳食结构、良好的饮食习惯有助于慢性病的改善。

（一）糖尿病人的营养膳食

糖尿病是一种因胰岛素分泌和（或）作用缺陷引起，以糖代谢发生紊乱，并以血中葡萄糖水平增高为特征的综合性、全身性的代谢性慢性疾病群。糖尿病可以分为Ⅰ型、Ⅱ型、妊娠期糖尿病和其他特殊类型四种。前三种糖尿病类型是主要的。Ⅰ型糖尿病是胰岛素依赖型糖尿病，由于此型糖尿病常见于儿童和青年期。Ⅱ型糖尿病是胰岛素非依赖型糖尿病，多见于成年人，尤其是中老年者居多。妊娠期是糖尿病的高发时期，这阶段发病率远超出人们的预计，对母子的健康造成严重威胁。

糖尿病饮食应注意以下几点原则：

1. 控制全日总热量，使体重保持在正常标准范围内。摄入总热量应视病情和患者体重与标准体重之间的差距而定，如病情越重、体态越胖，越应严格控制饮食，而消瘦型患者要提高全日饮食的总热量。饮食成分力求做到“二低、一高、二适量”，即低脂肪、低盐、高纤维、适量的蛋白和碳水化合物。但须注意，饮食疗法绝不是“饥饿疗法”。

2. 在总热量的限制下，碳水化合物、蛋白质与脂肪之间应有适当比例。

3. 养成良好的饮食习惯。合理科学的饮食调养及良好的饮食习惯，不但可以迅速控制糖尿病的发展，对轻型糖尿病患者而言，比药物控制病情更为重要，还能达到扶正祛邪、保持自身免疫功能、增强抗病能力和预防并发症发生的目的。

4. 适时灵活加餐。适时加餐，对防止糖尿病患者的低血糖反应很重要。尤其是皮下注射胰岛素后，有可能出现血糖大幅度的回落，一般在上午 9～10 时，下午 3～4 时，晚上睡前加餐。有些糖尿病患者，病情不稳定，常有心悸、手抖、多汗、饥饿等低血糖反应。此时，应立即吃 1 块糖或 50 g 馒头，以缓解低血糖发作。生活不规律，吃饭不定时（如出差、外出开会）易引起血糖变化。此时，可随手携带一些方便食品，如奶粉、方便面、饼干等，以便随时灵活加餐。

5. 根据病情选择水果。新鲜的水果含有丰富的维生素 C、水分、无机盐和纤维素，而且还含有很多的果糖和葡萄糖，因而应根据糖尿病患者的具体情况和水果含糖量的高低来选择。如果病情还没有得到控制，血糖、尿糖均高时，最好不要吃水果。重症患者应少吃水果，以避免引起病情的恶化，如果患者平素喜食水果，且病情比较稳定时，可以吃适量的水果。吃水果的最佳时间是在餐前 1 小时，因为水果中的果糖可起到缓冲饮食的作用。如果一次吃水果量较多，就相应地减少主食量。应该以含糖量较低的水果为佳，尽量不要吃含糖量在 14%以上的水果（如柿子、杨梅、鲜桂圆等）。

(二) 高血压患者饮食营养

高血压是指动脉血压持续升高到一定水平（在未用抗高血压药情况下，收缩压≥140 mmHg 和/或舒张压≥90 mmHg）而导致的对健康产生不利影响或引发疾病的一种状态。高血压是一种世界性的常见疾病，世界各国的患病率高达 10%～20%，并可导致脑血管、心脏、肾脏的病变，是危害人类健康的主要疾病。其营养膳食要点如下：

1. 合理控制总能量的摄入，使体重保持在理想范围以内。肥胖者高血压发病率比正常体质量者显著增高，临床上多数高血压病人合并有超重或肥胖，两者之间有明显的正相关关系。超重及肥胖的人患高血压的危险性高于体质量正常者。

2. 适当摄入低脂肪、优质蛋白质食物。每日脂肪的摄入不超过 50 g，在限量范围内选择富含不饱和脂肪酸的油脂和肉类。大豆蛋白可以降低血浆胆固醇浓度，防止高血压的发生发展。每周进食2～3次鱼类、鸡类蛋白质，可改善血管弹性和通透性，增加尿钠的排出从而起到降压作用。此外脱脂牛奶、酸奶、海鱼类等对于降压也有一定作用。

3. 多吃新鲜的瓜果蔬菜。果蔬富含维生素C、胡萝卜素及膳食纤维等，有利于改善心肌功能和血液循环；还可促进胆固醇的排出，防止高血压的发展。

4. 增加钾和钙的摄入。这类无机盐均具有降低血压和保护心脏的功能，在限制钠的摄入量同时要注意适当补钾。含钾高的食物有龙须菜、豌豆苗、莴笋、芹菜、丝瓜、茄子等。此外，钙治疗高血压病有一定疗效，含钙丰富的食物有黄豆及其制品、葵花籽、核桃、牛奶、花生、鱼、虾、红枣、韭菜、柿子、芹菜、蒜苗等。

5. 饮食清淡。食盐摄入与高血压病显著相关，食盐摄入量高的地区，高血压发病率也高，限制食盐摄入可改善高血压，高血压患者的食盐摄入量为3 g/d。

6. 限制饮酒，多喝茶水。饮酒与高血压之间有明显相关性。重度饮酒者(相当于每天饮65 g酒精）高血压发病率是不饮酒者的2倍。长期饮酒者体内的升压物质含量较多。同时酒精还能影响细胞膜的通透性，使细胞内游离钙浓度增高，引起外周小动脉收缩，导致血压升高。

（三）冠心病患者饮食营养

肥胖、高脂血症、高血压病、糖尿病和吸烟是冠心病致病五大危险因素，其中肥胖、高脂血症、高血压病、糖尿病又与饮食和营养密切相关。其病理基础主要是动脉硬化，即动脉血管内壁有脂肪、胆固醇等沉积，并伴随着纤维组织的斑块形成等病变。在家庭饮食中合理选择食物，对冠心病发生有一定的预防作用。

冠心病人要注意减少膳食中的热量以控制体重，减少脂肪摄入总量及饱和脂肪酸和胆固醇的摄入量，增加多不饱和脂肪酸的摄入量，并适当地摄入精制糖、无机盐与维生素。

1. 控制食量。据调查，动脉硬化、心脏病的患病率，胖人为瘦人的2.03倍。因为过饱时，会使血液大量集中于胃肠部，导致供给心脏和大脑的血液减少、心肌缺血、缺氧，故冠心病患者往往于饱餐后发病。

2. 食用脂肪的选择。冠心病的发生，与饮食构成和习惯有着密切的关系，尤其是大量摄入脂肪含量高的食物，会使血液里的胆固醇、血浆脂肪、血浆脂蛋白的含量升高，这是导致冠心病发生的重要原因。因此在饮食中应控制动物性的油脂，适当地食用植物性的油脂。

3. 合理食用蛋白质。充分利用蛋白质的互补作用，适量从植物性食物中摄取蛋白质，尤其是多食用豆类，搭配适量的动物性食物使混合的植物性食物氨基酸模式符合人体需要。

4. 食不厌杂。为了达到营养合理，摄取多种蛋白质、维生素等营养物质，应当提倡荤素混食、粮蔬混食、粗细混食，多食水果和经常“调换花样”，避免“偏食”。

5. 注意饮水。饮水有助于排便，便秘往往是冠心病患者的大敌。便秘者必然要用力，从而增加心脏的负担，加之用力后腹压增加而使膈肌上移，压迫心脏。所以，应经常饮水，使肠道内含有足够的水分，粪便柔软容易排出。

6. 适当限盐。食盐摄入量过高是导致高血压病的高危险因素。世界卫生组织在关于预防冠心病、高血压病的建议中提出，每人每天摄入食盐应在5g以下。这个限度也为我国医药界用来作为指导心血管病人低盐饮食的参考标准。

7. 少食甜食。食物中糖的含量与冠心病的关系越来越被人们所重视。过多的糖类可转变为脂肪贮于体内，影响血脂水准。有人认为糖与冠心病的关系比脂肪更重要，特别是蔗糖和果糖，因而对心血管病人来说，应限制糖的摄入。

第三节　家庭饮食合理烹调

合理烹调是保证食物色、香、味和营养质量的重要环节。不同烹饪方法在食物加工后会发生一系列的物理化学变化，有的变化会增加食品的色、香、味，使之容易被人体消化吸收，提高食物所含营养素的利用率，有些变化则会使某些营养素遭到破坏。因此，为使家庭成员吃到色香味俱全的食物，作为家庭中的主要成员，女性要凭借自己独特的感觉在烹调加工时，一方面利用加工过程的有利因素，达到提高营养促进消化吸收的目的，另一方面也要尽量控制不利因素，减少营养素的损失，最大限度地保留食物中的营养素。

一、不同食物在烹饪时的变化

合理营养是通过合理烹调来实现的。在选择烹料、调配膳食、烹调加工时，除了充分考虑烹调原料的营养特点还要充分考虑不同烹调方法对营养素的影响。

（一）谷物类食物在烹饪中的变化

1. 稻　米

稻米由于淘洗、高温和加碱等，均可使营养素受到破坏。

（1）稻米淘洗。淘米是烹饪米饭的重要工序。淘米时，不能用大量的水反复搓洗，淘米的水温度越高，泡的时间越长，搓洗次数越多，营养素的损失越大。因此，淘米时应用凉水，不宜用热水，对新鲜干净的米只需轻搓淘洗一次清除浮尘即可。陈米要适当多洗几次，以洗去米粒表面黏附的各种霉菌及熏杀剂残留物，但也不要搓洗过度。淘好的大米要迅速捞出，不宜久泡。

（2）蒸煮米饭。如果采用先煮米、再去汤后蒸饭的方法（即捞米饭），营养损失很大。因此，一般焖饭或煮饭最好。米饭应现吃现做，一次煮饭过多，来回蒸煮重炒并不可取，不仅降低了营养价值而且经常吃剩饭，还会引起胃肠道疾病。高压锅、电饭煲用于煮米饭，各种营养素损失较少，而且米饭比普通锅煮的饭黏性大、香气浓、味道好。

（3）煮粥加碱。煮粥加碱是为了增加稀饭的黏稠度，这样做会使粥中维生素大量破坏，硫胺素损失75%，降低了粥的营养价值，故一般煮粥不要加碱。

2. 面　粉

面粉的烹调方法繁多，如蒸馍、制面条、制烙饼、炸油条等，烹调过程中蛋白质、矿物质的损失较少，但B族维生素损失较大，损失原因主要是面粉直接与高温接触以及制作时加碱。

（二）果蔬类食材在烹饪时的变化

蔬菜烹调一般采用炒、煮、凉拌等，易流失破坏的是水溶性维生素和无机盐。胡萝卜素则较稳定，通常烹调后的损失率在10%～20%。维生素C损失较多，约50%，钙、磷、铁损失率均低于25%。蔬菜经烹调后，维生素的损失率因品种不同而有差异，不同烹调方法对维生素C损失率亦不同，维生素C损失率一般急炒小于煮菜，若在烹调上加少许醋调味，有利于对维生素C、B_1、B_2的保存。凉拌生吃维生素损失量最少。

（三）肉制品类食材在烹饪时的变化

肉类的烹调方法多种多样，常用的有炒、煎、炸、蒸、煮、焖、烤等。

炒肉丝或肉片时加少许水和淀粉拌匀后再下锅炒炸，加热时会在表面迅速形成保护层，可减少原料中水分和营养素的逸出，还可避免物料与空气过多接触而产生氧化作用，蛋白质也不致过分变性，维生素的破坏流失相对小，入口鲜嫩，易于消化吸收。

蒸、煮、炖是把原料放入适量水中加热或用热蒸汽使食物加热，随温度逐渐升高，肉汁逸出。若温度保持100 ℃持续30 min，瘦肉中约有4%的蛋白质和部分含氮浸出物、40%～50%的游离无机盐，20%以上的B族维生素流入汤中。因此肉汤味道鲜美，营养价值高。

熏烤是把食物放在烤炉上或用火直接熏烤，肉汁逸出，其中水分蒸发，大部分肉汁在肉表面浓缩，烤肉香味更浓。但烤炉温度多在200 ℃以上，表层蛋白质结成硬壳，不易消化吸收。其中B族维生素约有30%被破坏。

煎炸肉时，油温通常在180～200 ℃，肉块在煎炸时表面温度可很快达到115～120 ℃，使表面的蛋白质迅速结成硬壳，内部可溶物不易流出，因此味美多汁。但由于浸入很多油脂，不宜多吃，且由于发生美拉德反应使蛋白质有一定损失。煎炸时油温不宜超过250 ℃，否则脂肪酸会发生聚合，使油脂黏稠度增大，产生毒性物质。

（四）蛋类食材在烹饪时的变化

蛋类烹调一般采用油炸、炒、蒸或带壳水煮。在烹调过程中，仅维生素B_1、

维生素 B_2 损失 8%～15%，其他营养素损失不大。不提倡吃生蛋，因为生蛋有可能被沙门氏菌污染，易致病，烹调后可杀死病菌，蛋白质受热变性提高了蛋白质消化率，加热促使抗胰蛋白酶和抗生物素蛋白等抗营养因子失去活性。

二、烹饪时保存营养素的措施

食物在烹调时营养素遭到损失是不能完全避免的，但若采取一些保护性的措施，则能使菜肴保存更多的营养素。

（一）合理配菜

合理选择原材料，提高营养价值，做到菜肴感官品质良好，即色、香、味、形和质感最好。

（二）先洗后切

认真整理和清洗原料，防止二次污染和营养素的损失。去除不可食和变质腐烂部分。各种菜肴原料，尤其是蔬菜，应先清洗，再切配，这样能减少水性营养素的损失。而且应该现切现烹，这样能减少营养素的氧化损失。

（三）上　浆

将原料用淀粉、蛋清调制的黏性薄质浆液裹匀。经加热后，原料表面的浆液糊化凝固成软滑的胶体保护层，使菜肴的质地细嫩，上浆的原料可以用油作为介质加热（以低油温滑油为主），也可用水作为介质或直接入锅烹制，如“水煮牛肉”“鱼香肉丝”。

1. 上浆的作用

上浆的作用：免原料直接与高油温接触，使蛋白质在低温下变性成熟，保持原料内部水分与呈味物质不易流失，并使原料在加热中不易破碎，从而起到保嫩、保鲜、保持形态、提高风味与营养的综合优化作用。另外上浆可使原料中的水分和营养素不致大量溢出，减少损失，保护维生素不被大量分解破坏。

2. 上浆的浆液

上浆的浆液一般有以下几种：

（1）干粉浆。直接用干淀粉与原料拌和，适宜含水量较多的原料，要充分拌匀。

（2）水粉浆。用湿淀粉与原料拌和。

（3）蛋清浆。原料先用鸡蛋清拌匀，再用淀粉（干湿都可）拌匀，适用于色白的菜肴。

（4）全蛋浆。用全蛋、蛋粉与原料拌和，适用色深的菜肴。

3. 上浆后的处理

（1）现浆现滑油。原料时间长要渗水，淀粉不溶于冷水易沉淀。

（2）静置。上浆后的原料可放入冷藏室，使原料进一步吸水，但时间过长则会渗水脱浆。

（3）添油脂。上浆后拌色拉油，滑油时原料迅速分散，淀粉糊化均匀，原料表面光滑，加油脂必须在原料加热前进行，过早则不利。

（4）上浆后的原料滑油时，常遇到的问题是脱浆或黏结成团，都是因为油温的原因。油与原料的比例以3：1为好。油温130～140℃（3～4成）。另外在原料滑油时易出现粘锅现象，原因是没有炙锅，应做到热锅晾油，即可避免粘锅现象。

（四）挂　糊

将原料用淀粉为主调制的黏性粉糊裹抹的一种操作技术。挂糊的原料都要以油脂作为传热介质。

1. 挂糊的作用

主要能使菜肴形成不同的色泽和质感，同时可防止原料中的水分流失。防止高温直接作用于原料而破坏营养素。糊和原料巧妙结合丰富了菜肴的风味特色。

2. 挂糊的原料

以动物性原料为主，蔬菜、水果也可。

3. 调制粉糊的原料

淀粉、面粉、鸡蛋、发酵粉；辅助原料有面包渣、吉士粉、花椒粉等。

4. 家庭常用的几种粉糊的种类

（1）水粉糊：也称硬糊。由水和淀粉调制而成。适用于干炸、脆熘、炸等高温烹调方法。特点外脆里嫩，如“糖醋鲤鱼”。

（2）蛋清糊：蛋清和淀粉调制而成。适合温油软炸菜肴。特点是质感软嫩，如“软炸口蘑”。

（3）全蛋糊（酥黄糊）：由全蛋和淀粉调制而成。适合中油温或高油温的烹调方法，如酥炸、脆熘等。特点色泽金黄、质感酥脆。拔丝菜和锅烧菜多用。

（五）拍　粉

拍粉是在原料表面黏拍上一层干淀粉，以起到与挂糊作用相同的一种方法。所以拍粉也叫“干粉糊”。

1. 拍粉原料的特点

容易成形，比挂糊的菜品更加整齐、均匀。炸制后外表酥脆、内软嫩，体积不缩小，可固定菜肴形状，防止原料着色过快，使之保持色泽金黄，形态整齐美观。

2. 操作的主要方法

（1）直接拍粉。在原料表面直接拍淀粉，具有干硬挺实的特点。目的是防止原料松散、黏结；起壳定型。如“松鼠鱼”“菊花鱼”。

（2）拍粉拖蛋糊。先拍粉，从蛋液中拖过，再拍上面包粉或果仁。如“芝麻鱼排”。适用于高油温炸熟，成品外香、松、酥、脆，里鲜嫩。若拍粉拖蛋液不黏其他原料，成品具有外脆里嫩、色泽金黄、柔软酥烂的特点，如“生煎鳜鱼”。

（3）拍粉注意事项。现拍现炸，防止淀粉吸干原料中的水分，使原料变得干硬。原料的刀口内淀粉要拍匀，防止原料黏结，影响造型。

（六）加　醋

醋是菜肴的最佳调料，它不仅能保护蔬菜中的维生素不被破坏，还有祛膻、除腥、解腻、增香以及软化蔬菜纤维的作用。

小贴士

醋的保健功能

醋对养生有一定的功能，如消除疲劳、帮助消化、扩张血管、杀菌等，在食物烹调中加入醋，如醋泡花生米、醋泡香菇、醋泡黄豆、醋泡海带等对防治高血压、降低胆固醇等有一定的功效。

（七）急火快炒

菜不但要做熟，而且加热时间要短，烹调时尽量采用旺火急炒的方法。原料通过旺火急炒，能缩短菜肴成熟时间，从而降低营养素的损率。据报道，猪肉切成丝，用旺火急炒，其维生素 B_1 的损失率只有13%，而切成块用慢火炖，维生素损失率则达到65%。

（八）勾　芡

勾芡借助了淀粉在遇热糊化的情况下，具有吸水、黏附及光滑润洁的特点。在菜肴接近成熟时，将调好的粉汁淋入锅内，使卤汁稠浓，增加卤汁对原料的附着力，从而使菜肴汤汁的粉性和浓度增加，改善菜肴的色泽和味道。

勾芡一般用两种类型。一种是淀粉汁加调味品，俗称“对汁”，多用于火力旺，速度快的熘、爆等方法烹调的菜肴；一种是单纯的淀粉汁，又叫“湿淀粉”，多用于一般的炒菜。

（九）慎用碱

有些家庭在煮粥、烧菜时，有放碱的习惯，以求快烂和发黏好吃。但是碱会破坏蛋白质和维生素等多种营养素。因为养分中的维生素 B_1、B_2 和维生素C等都是喜酸怕碱的。

维生素 B_1 在大米和面粉中含量较多。如果经常吃这种加碱煮成的粥，就会因缺乏维生素 B_1 而发生脚气病、消化不良、心跳无力或浮肿等。

维生素 B_2 在豆类食品中含量最丰富。豆子不易煮烂，放碱后当然烂得快，但这样会使维生素 B_2 几乎全部被破坏。而人体内缺乏它，就会引起阴囊瘙痒发炎（即绣球风）、烂嘴角和舌头发麻等。

维生素C在蔬菜和水果中最多，本身就是一种酸，碱对它起破坏作用。人体内如果缺乏维生素C，会使牙龈肿胀出血，得维生素C缺乏症。

思考与训练

1. 案例：某远航客轮在海上遇到风暴，没有按期返航。由于所带的蔬菜、水果已经全部食用完，完全靠食品罐头维持日常饮食近4个月，结果成年人大都出现面色苍白、倦怠无力，食欲减退等症状，儿童则表现为易怒、低热、呕吐和腹泻等症状。

请分析：轮船上的乘客的症状可能由哪种营养素缺乏引起的？

2. 案例：某男，21岁，近期感到虚弱、疲倦、口痛，有时眼痒。舌紫红有裂痕和不规则侵蚀，嘴角常常发炎。

请根据所学知识判断他可能缺乏何种营养素。

3. 案例：某女性，52岁，身高160cm，体重76公斤，血压正常，血甘油三酯正常，目前从事轻体力劳动，下面是她一天的食谱。

早餐：面包、牛奶、鸡蛋、巧克力

午餐：红烧肉、糖醋藕、凉拌黄瓜、大米饭

晚餐：炸带鱼、豆腐豆苗汤、花卷

请根据膳食宝塔和膳食指南说明这个女性的饮食结构有什么不妥，并给予指导。

4. 案例：小李从菜市场买了一捆油菜。以下是她在家中烹调该菜的情景。首先在案板上切菜，然后接了一盆水，将切碎的油菜泡进去，半小时后，开始炒菜。将锅烧得冒烟，倒进两大勺油，她认为火旺油大菜才好吃，并且植物油多吃一点也没关系，小李还在饭店学了一招，炒青菜时加点食用碱，可以保持菜的碧绿好看，她除了向锅里加了一小勺碱外，还加了一碗水，因为她牙口不好，想把菜煮得烂糊一些才好消化。小李最后说：“吃盐多不健康，加点酱油，再多点味精调味就可以。”

(1) 请指出小李在烹调中的错误和误区。

(2) 简述正确烹调绿叶蔬菜的要点。

第三章　女性与家庭服饰

学习目标

1. 了解相关的服饰文化和美学知识，提升家庭成员的文化内涵。
2. 了解服装搭配的基本法则。
3. 了解不同的服装风格。
4. 了解家庭成员个人风格鉴定的方法。
5. 能够根据自己和家人的个人风格特点，合理地选择、搭配服装。
6. 理解服装消费原则。
7. 掌握不同种类服饰品的洗涤保养方法。

俗话说："人靠衣服马靠鞍。"在当今的社会，懂得穿衣之道正在成为一种必备的生活技能，它是一种社会文化的体现，也是个人的文化修养及审美情趣的外在表现。家庭女性应了解服饰语言，知晓服饰文化，熟知家庭成员的体型和情趣，通过服饰搭配展示其独有风格和内在涵养，做家人着装的坚实后盾。

第一节　服饰美学基础知识

美的装束让人愉悦，增强自信。服饰搭配的美学知识，能帮助家庭女性更好地鉴赏服饰美。源远流长的服饰文化理论，能帮助家庭女性领略中国服饰文化的境界。

一、中国服饰文化

在纷繁复杂的历史更替中，服色占据了重要一隅，从鸿蒙时代的红色崇拜；到夏代尚黑色、商代尚白色的二元对立；到周朝的四方模式，青赤黑白褒贬分明，尚赤贬黑贬白，白色，殷商时代的圣洁之色，由此跌落为中华服饰数千年不曾改易的丧葬之色；春秋时代，礼崩乐坏，在服色崇拜的文化氛围中，服色的着意反叛和明显挑战是醒目而刺激的，齐桓公尚紫，我们从《诗经》中听到了不同地域民族对白色的喜爱；到战国时代，五方五行模式直接取代了四方模式，《周易》推崇黄色，阳光和大地的颜色，五行思路增添了黄色，从而四色并坐，黄色突出，一直影响了中国文化几千年。

二、服饰搭配中的色彩知识

色彩、款式、面料是构成服装的三大要素。人们在设计、选购、搭配和穿着服装时，色彩是首先要参考的要素。色彩是服装的主角，具有神奇的力量。游刃有余地运用色彩，是打造个人风格的第一步。因此，作为负责家庭成员着装的女性应当了解一些色彩知识。

（一）色　相

色相即色彩相貌的名称，如人们日常说的“红色、蓝色、黄色、紫色”等，是色彩最大的特征。虽然用红色、蓝色等词语来称呼这些色彩，但这样的称谓不单指某种色相，而是指以某种色调为主的一系列色相。

任何一种颜色都具有色相、明度、纯度三个属性。

色相分为有彩色系和无彩色系。无彩色即黑色和白色，以及由黑白混合而成的深浅不同的各种灰色系列。除去无彩色均为有彩色系。在服饰搭配中，有些人认为自己不适合有彩色，只穿黑白灰，这是着装中的误区。只要我们了解自己的肤色和气质，具有驾驭色彩的能力，就能搭配出适合自己及家人的色彩体系。

（二）三原色

在无尽华丽的色彩中，红、黄、蓝三种颜色无法由其他颜色混合得到，称为三原色，见二维码 3 - 1。而这三种颜色按不同的比例混合在一起就构成了世界上的一切颜色。色彩的逻辑规律始于三原色。

二维码 3 - 1

二维码 3 - 2

二维码 3 - 3

（三）色相环

在二维码 3 - 1 的三原色三角形的造型中，加入两两混合后得到的颜色，红色与黄色混合得到橙色，黄色与蓝色混合得到绿色，红色和蓝色混合得到紫色，这样色彩连接起来就比较柔和，见二维码 3 - 2；再往这些颜色的间隙中加入相邻两色的混合色，颜色更加丰富，衔接更加柔和，见二维码 3 - 3。色彩组成的环形称为色相环，通过色相环可以清楚地看到色彩之间的“血缘”关系。

根据色相环中色彩间隔的距离，将色相的关系分为邻近色、互补色和对比色。色相环上间隔60°以内的色彩色相差小，对比柔和，称为邻近色，组合在一起视觉效果整体和谐；色相环中相距180°的颜色色相差大，颜色间排斥力强，称为互补色，如红色与绿色、蓝色与橙色、黄色与紫色……这些颜色组合在一起对比鲜明；色相环处于120°左右距离的颜色称为对比色，如蓝色调与红色调、黄色调与蓝色调、红色调与黄色调……对比组合风格迥异、色感丰富。色彩的相互关系是服饰色彩搭配的重要依据。

（四）色彩的明度

明度即色彩的明暗程度，是处于白色和黑色之间的色彩感觉（见二维码3-4）。最经典的黑白搭配即为明度对比搭配。一种颜色加入不同分量的白色所产生的色彩，称为“浅色调”；加入黑色产生的色彩，则称为“暗色调”。即加白变亮，加黑变暗。亮与暗隐藏在色彩背后，对色彩搭配起着决定性作用。

二维码3-4

色彩的明度搭配一般有三种，第一种是明度差异较大，颜色明暗对比鲜明，视觉效果清爽、明快；第二种是明度差异较平均，颜色明暗对比阶段性分明，视觉效果柔软、平和；第三种明度差异较小，各个色面的分界不明显，视觉效果神秘。通过这三种方法可以实现不同色彩的协调组合。

（五）色彩的纯度

纯度即色彩的纯净程度，鲜艳度，也称色彩饱和度。如果纯度高的色彩加入了不同程度的灰色或者其他颜色，纯度就会降低。因此色彩加入黑色或白色，不仅影响了明度也影响了纯度。改变色彩的纯度，会得到更丰富的色彩。

三原色是纯度最高的颜色，间色次之，复色、再复色的纯度逐渐降低。纯度降低到一定程度，颜色就会失去明显的色相。因此，现实生活中，很多颜色很难说清它的色相，只能说偏红或偏绿等。高纯度的服装搭配一般适于童装，能表现儿童的天真烂漫，富有朝气。在为年轻成年人和老人选择和搭配服装时，纯度较高的色彩和色彩搭配则要谨慎。

（六）色彩的冷暖

不同的色彩会给人们带来不同的心理感觉。如黄色、红色、橙色等颜色为暖色系，让人感到温暖、热烈、有激情；而蓝色、青色、绿色等颜色为冷色系，让人联想到天空、海水、生命，给人冷静、凉爽、希望的感觉；黑、白、灰为中性色（见二维码3-5）。炎热的夏季或心情烦躁时，我们可以选择穿着偏冷色调的服装，而寒冷的冬天或心情郁闷时可搭配偏暖色调的服装。家居服、运动休闲装可以选择暖色调服装，工作中的服饰搭配尽量选择大面积的中性色或偏冷色调。

二维码3-5

■ 知识链接 ■

流 行 色

与社会上流行的事物一样，流行色是一种社会心理产物，它是某个时期人们对某几种色彩产生共同美感的心理。所谓流行色，就是指某个时期内人们的共同爱好，带有倾向性的色彩。

对于大多数人来说，“流行色”是一个时尚的名词。其实，流行色只不过是一种趋势和走向，它是一种与时俱变的颜色，其特点是流行最快而周期最短。流行色不是固定不变的，常在一定期间演变，今年的流行色明年不一定还是流行色，其中有可能有一两种又被其他颜色所替代。流行色是相对常用色而言的，常用色有时上升为流行色，流行色经人们使用后也会成为常用色。例如，今年是常用色，到明年又有可能成为流行色，它有一个循环的周期，但又不同时发生变化。这是因为不同的国家、地区和民族都有自己的服饰传统和服饰习惯，每个人又有着不同的服饰嗜好或偏爱。这些传统、习俗和嗜好都会在服装色彩上有所反映，完全没有必要因追求流行而抛弃这一切。

三、服饰搭配中的形式美法则

服饰搭配要注意符合形式美法则，使着装的整体效果丰富而不杂乱，生动而不尖锐，和谐而不平淡。秩序是美的重要条件，美从秩序中产生。如果搭配设计中没有秩序就无法产生美，这种美的形式标准具有普遍意义，我们把美的形式标准称为形式法则，作为负责家庭成员服饰搭配的女性，有必要了解搭配的法则。

（一）比 例

比例是指服饰搭配中整体与部分或部分与部分之间都存在着的长度或面积的数量关系等。比例美是一种数量关系的对比美。如零部件、服饰品相对于服装整体的位置设计，如服装内外或上下的层次、大小比例搭配关系，比例形式灵活、更富于变化。如裙子、上衣等服装的腰线位置与人体的长度、宽窄的比例关系。服装的配饰的面积大小、位置安排等因素与人体身材、形态的比例匹配关系；色彩、纹样的布局与面积大小、位置安排等因素的比例搭配关系。

（二）对 称

对称在服饰搭配中是指构成的各基本因素之间，形成既对立又统一的空间关系，如大小、粗细、明暗，以及质感、量感，给人视觉上和心理上安全感和平稳感。搭配考虑的平衡更多的是视觉效果上的平衡。

对称的常见形式有左右对称、上下对称等。对称的服装显得庄重、严肃、正式，但又稍显保守、单调而缺少动感，一般在正式场合或老年人服饰搭配中用得较多，可用搭配配件来增添变化。

（三）旋 律

旋律又称节奏，在服装搭配设计中指造型元素以一定的间隔和方向按规律排列，连续反复而产生的韵律。它能为搭配增添趣味与变化。如黑色外套内搭小千鸟格毛衣、大千鸟格围巾，与外套的立体口袋，形成方格由小到大，颜色由浅到深的变化，韵律感很强，同时外套夸张的口袋也不显突兀。

（四）重　复

重复指在整体服饰搭配中不止一次地使用某种特定元素的方法。一个元素可以规则地或不规则地被重复，以多样的效果寻求统一。例如织物纹样、图案或装饰物、细节和装饰线的重复等。

（五）渐　变

渐变是在量、形态、颜色、大小、粗细、密度、强度或面积上，从大到小、从宽到窄所形成的渐进变化。渐变的形式多样，或中心放射，或左右，或上下变化。

（六）对比与统一

对比指质和量相反或极不相同的要素排列在一起而形成的差别和对立。服装搭配中通常有款式对比、面料材质对比、色彩对比和色彩面积对比四种形式。无论哪种对比都会比单色的应用更富于变化，但对比也必须在统一的前提下追求变化。

统一是指服装搭配中，通过对个体的调整使之与整体产生一种秩序感。统一只是一种状态，是秩序的表现。服装的统一首先表现在整体风格上的统一。

（七）错　觉

错觉指人们对事物的主观判断与事实不符，包括图形错觉、色彩错觉、运动错觉、空间错觉等。在服装搭配中运用视错，可以弥补或修补人体的缺陷。例如，相同款式的衣服，用深色面料的设计要比浅色的显得苗条。利用竖条结构线或图案来使胖体型显苗条，腰带位置的上下移动也能使人的身高看起来发生相应变化。

第二节　服饰搭配的基本方法

美的装束让人愉悦，增强自信。服饰搭配的美学知识，能帮助家庭女性更好地鉴赏服饰美。服饰搭配的基本方法，能使家庭女性在日常着装中得心应手。

一、服饰的色彩搭配

服装是人的第二层皮肤，我们着装时感到吃力与困惑的很大原因就是不懂得色彩搭配。在帮助家人选择和搭配服装时，色彩的搭配一般有以下几种方法。

（一）同类色的搭配

同类色指色相性质相同，但有深浅之分，是色相环中15°夹角内的颜色，如大红与朱红。同类色搭配组合，因为没有色相的变化，给人以统一感和整体感。为了避免单调，搭配的关键是加强明度和纯度的对比，或改变服装面料质感及表面肌理，增强整体搭配的丰富性，同时使搭配具有纯净、简洁和动感的效果。如深灰色毛型面料的长裙，搭配造型略显夸张的针织毛衫、黑灰色腰带、深驼色的鞋帽。

（二）邻近色对比组合

色相环上间隔60°左右的色彩组合构成邻近色对比组合。邻近色组合视觉效果和谐，色相差小，对比柔和，而且避免了同类色的单调，比同类色组合有生气。

（三）类似色搭配

类似色是指色相环上相距90°范围内的色彩，其对比效果微妙、柔和且具有单纯性和统一性，与同种色搭配相比更加丰富。邻近色之间往往是你中有我，我中有你。如：朱红与橘黄，朱红以红为主，里面略有少量黄色。橘黄以黄为主，里面有少许红色，虽然它们在色相上有很大差别，但在视觉上却比较接近。

（四）对比色的搭配

色相环上间隔120°～180°（不含180°）间的色彩组合为对比色组合。最典型的对比色是三原色红、黄、蓝，其特点是对比鲜明强烈，具有华丽、醒目、活跃、刺激的视觉效果。这类色的纯色对比搭配非常适于童装。但三原色的组合会令人紧张、烦躁或产生视觉疲劳，三原色之外的其他对比色组，因有共同色彩的成分，对立感有所减弱。对比色进行搭配时，要控制好不同色块的面积和形状。如搭配风衣时，选择裙装中对比色之一的冷色系的紫蓝色，增加此种颜色搭配中所占的比例。当两个对比强烈的颜色搭配上下衣时，也可以选择同时具备这两种颜色的第三件单品缓和搭配，如围巾、包等。

（五）互补色的搭配

色相环上直径两端相对的颜色互为补色，这两种颜色的组合构成补色对比组合。红与绿、橙与蓝、黄与紫等就是互为补色的关系。补色组合容易让人产生不安定、不和谐、过分刺激或一种原始、幼稚、粗俗的感觉，所以服饰搭配时要慎重选择。但补色搭配时如选择适当的面积和位置，不仅能加强色彩的对比，拉开距离感，而且能表现出特殊的视觉对比与平衡效果。

（六）色彩的冷暖搭配

一般来讲，不同自然色系的搭配原则是冷色与冷色搭配，暖色与暖色搭配，中间色可以与任何色系搭配，即冷色与中间色，暖色与中间色，中间色与中间色都是保险的搭配方法。而冷色与暖色的搭配不易把握，一般为服饰色彩搭配的禁忌。

二、服饰搭配的基本方法

掌握主色、辅助色、点缀色的用法。辅助色是与主色搭配的颜色，占全身面积的40%左右。通常是单件的上衣、外套、衬衫、背心等。点缀色一般只占全身面积的5%—15%。通常是丝巾、鞋、包、饰品等，会起到画龙点睛的作用。点缀色的运用是日本、韩国、法国女人最擅长的展现自己的技巧。据统计，世界各国女性服饰搭配的技巧中，日本女人用得最多的饰品是丝巾，她们将丝巾与自己的服装做成不同的风格搭配，并且会让你情不自禁地注意她们的脸；法国女人用得最多的饰品是胸针，利用胸针展示女人的浪漫情怀。

小贴士

衣服并不一定要多，也不必花样百出，最好选用简洁大方的款式，给配饰留下展示的空间，这样才能体现出着装者的搭配技巧和品位爱好。

有层次地运用色彩的渐变搭配。只选用一种颜色，利用不同的明暗搭配，给人和谐、有层次的韵律感。不同颜色，相同色调的搭配，同样给人和谐的美感。

主要色配色，轻松化解搭配的困扰。无彩色，黑、白、灰是永恒的搭配色，无论多复杂的色彩组合，他们都能融入其中。选择搭配的单品时，在已有的色彩组合中，选择其中任一颜色作为与之相搭配的服装色，给人整体、和谐的印象。同样一件花色单品，与其搭配的单品选择花色单品中的不同色彩组合的搭配，不但协调、美丽，还可以变化心情感受。

三、面料搭配的基本方法

很多人在服饰搭配中都忽视了面料，但面料的质感和风格，决定着不同服装的美感，也表达了不同的情怀，彰显了不同的风格。如雪纺和蕾丝的浪漫，毛的高贵，裘皮的雍容，牛仔的摩登，棉麻的质朴等，都具有从视觉特征到艺术风格的差异。家庭女性在进行服饰搭配时，应综合考虑面料的质地、结构、机理，充分展现整体风格。

（一）同色同质搭配

色彩、材质相同的同种面料相互搭配，可以产生浑然天成的整体效果，给人端庄、稳重的印象。例如工作场合或参加谈判、重要会议等商务场合的着装，可选择此种搭配方法。

（二）同色异质搭配

颜色相同、面料不同的服装相互搭配，可以产生很强的整体感，色调和谐，层次丰富，服饰的整体形象更加丰满。尤其是色彩相对保守的男士服装，更应通过面料质地的差异，彰显自身的着装品位。

（三）异色同质搭配

不同颜色、相同面料的服饰相互搭配，可以产生单品色块的面积、形状、位置及颜色的明度纯度的变化，可带来独特的韵律感和节奏感。

（四）异色异质搭配

不同颜色、不同面料的服饰相互搭配，应注意在款式和色调上力求统一，色彩上上下呼应，做到同一中有变化，变化中有和谐。

四、单品及饰品搭配的基本方法

在选择服饰搭配的饰品和单品时，如手表、项链、耳环、围巾、领带、鞋、包、帽等，家庭女性应考虑到这些服饰品在整体造型搭配中所起到的点、线、面、体的作用，以提升家人服饰搭配的整体感和协调感。

（一）饰品以点的形式搭配整体形象

服饰搭配中点是相对的点状物，有大小、形状、色彩、质地的不同，是造型中最简洁、最活跃的因素，能吸引人的视线形成视觉中心。服装造型中的点传达的情感更为丰富真实，既有宽度也有深度。

饰品中的胸针、手镯、耳环、项坠等都可以理解为点的要素，有实用和装饰的作用，饰品可以打破服装的单调，形成整体美的效果，饰品也会因材质、装饰位置与色彩的不同而使服装产生不同的风格和情感特征。

（二）饰品以线的形式搭配整体形象

服饰搭配中的竖线给人以修长感，如服装中的横线给人魁梧感，短线给人速度感，弧线给人优雅感。服装上饰品如项链、手链、围巾、腰带等具有线性感觉的，也通过其色彩、材料和形状的变化产生不同的视觉效果，使服装产生运动、休闲或前卫的感觉。

（三）饰品以面的形式搭配整体形象

搭配设计中的面同样有厚度、色彩和质感，相对而言是比点大比线宽的形体。从造型要素角度讲，服装总体上面感最强，点和线可以通过与面的互动呼应打破平面的呆板，形成造型上的补充。如普通、素色、A造型的连衣裙用上一条夸张的腰带就会产生不同的感觉。

服饰品中的丝巾、方巾、披肩等面感也很强，不同的面积、形状、色彩和材质进行搭配就会产生丰富的、富有层次变化和韵律感的视觉效果，是对服饰搭配的烘托与补充。

（四）饰品以体的形式搭配整体形象

造型设计中的体有一定的广度和深度，在服装上有色彩、有质感。服装搭配中的体造型不仅是指服装衣身的体感，服饰品中的包袋、帽子等都是体造型，它们是服装搭配中的重要配饰。

第三节　家庭成员个人着装风格分析

在明清时期，李渔等人就提出了着装中以人为本的服饰理论，主张“衣以章身”，服装应与人相称、与貌相宜，应与人的外在的体型、内在的风韵相辅相成，融而唯一，做到人穿衣，而非衣穿人。因此，家庭女性要想选择适合家人的服装，就要了解其体型、气质等个人因素。

一、不同体形的服饰选择

俗话说，“人靠衣装马靠鞍”，“三分长相七分装扮”。得体的穿着不仅装扮美丽，还可以体现出一个人良好的修养和独到的品位。通过衣服的装饰搭配，我们可以突出自己身材的完美一面；通过衣服的协调搭配，通过一些有效的视错觉，可以合理地掩饰自己身材的不佳一面，营造完美的身材和高雅的气质。

娇小体形，着装最好选择上下身一色或近似色，使色彩具有连贯性，用饰品打造形象亮点，亮点越高，给人感觉个子越高。例如丝巾、首饰、衣领、胸针、漂亮的妆容和精致的发型等。整体搭配适宜整洁、简明、直线条的设计。

小贴士

娇小体型人群的着装打扮误区

娇小体型的人很多以为穿上很高的高跟鞋或梳高耸的发型，就能使得身材瘦高，但实际却事与愿违、白费心机，夸张的鞋子和发髻会显得滑稽或与体型格格不入。

胖体体形应多选单色穿着，少穿有图案花色的面料，矮个子则适合穿中小型花色的面料，图案较大的面料会比较压个子。对于带亮点的衣服，亮点的位置应在胸部以上，亮点的形状以瘦长形为最佳，数量小于 3 根的竖线条及不对称图案也有瘦身的视错。

粗腰体形适宜选择简洁式样的衣服，不用过多装饰与堆砌，避免层次过多的搭配。如 X 廓形的连衣裙或外套；直线显细腰，如着 H 形服装，开衫或套装等；竖直方向的饰品，如垂直搭在胸前的长丝巾，垂直的竖线图案或装饰物，长项链等；或通过视觉转移的方法，将观者的视线进行转移，如穿着抢眼的领口的服装，佩戴夸张的耳环，艳丽的手包等。

宽臀体形一般大腿也相对粗壮，应避免穿紧身款服装、印花的打底裤或超短裤，适宜穿高腰 A 字裙。选择臀部设计简单的服装。上衣的下摆尽量避开臀位线位置。

通常长腰者会显得腿短，适宜高腰线外套，女士更适宜穿裙装，忌讳穿低腰服装。

宽肩膀的体形如果衣着选择不当，就会给人非常魁梧的印象。这类体形的人适宜选择领口开阔、胸口较低的上衣，削肩背心，外翻领等款式的上衣，可以让人产生视错觉，形成貌似肩膀变小的效果。

总之，“扬长避短”是服饰选择中的重要原则，但凡不想让人看到的，就不要突出它，而且可以在其他位置制造亮点转移对它的注意力，这是任何时候都需要谨记的方法。

二、不同气质的服饰选择

服饰另一个重要的功能就是表达着装者的风格。风格与品位不同，它更注重个人表达，是一个人表达个性的方式。家庭女性应了解家庭中不同气质成员的服饰选择。

（一）女士气质风格的类型

1. 古典型。端庄高雅的古典型人，给人一种性格严谨、传统，与人较有距离的感觉，为了把这种高贵、脱俗的魅力表现出来，适合穿着一些精致而且合体的服饰，服饰风格庄重、严肃、有型、传统。她们衣服的面料厚重，图案规则，她们往往发型整齐，手提包像盒子一样方正，首饰简约，如扣状耳环、珍珠。一切都给人以简约、大气、严格、中规中矩之感。这类人说话干脆、做事利落、高效可靠，责任感极强。

2. 优雅型。给人以小家碧玉感觉的优雅型人，往往面部柔和，身材圆润，性格温柔、文静。为了把这种优雅的魅力表现出来，她们非常适合穿着品质高贵，婉约脱俗的服饰。这类女性强调完美和无懈可击，造型优美，她们特别喜欢名牌手提包、雅致的鞋、精致的饰品，特别讲究完美，整齐而不失浪漫。她们喜欢整齐但不失飘逸的简约发型，动作优雅，谈吐含蓄，非常不喜欢直白地表达自己。

3. 自然浪漫型。这类女性的说话声音柔美，动作轻柔，善解人意，感情丰富。服饰语言强调贤惠女人味，这种类型的女性拥有特别多的漂亮柔美的连衣裙、柔软的毛衫，爱穿有花、女人味十足的服饰，喜欢柔美的鞋、包、表和饰品，她们很有贤妻良母的味道。

4. 诱惑型。华丽而多情感觉的诱惑型人，往往面部柔和，眼睛迷人，身材丰满圆润。为了把这种女性的极致魅力表现出来，她们非常适合奢华而有高贵感的服饰。

5. 戏剧型。给人以华丽、夸张氛围的戏剧型人，往往脸部轮廓分明，身材高大，性格外向坦然自信。为了把这种独具特殊魅丽的美感表现出来，她们非常适合选择一些夸张、较有个性的服饰。服饰语言强调醒目、大气、时尚、老练，这类女性喜欢颜色鲜亮、造型感强的款式，喜欢戴夸张的饰品。她们大胆、自信、张扬、热烈，喜欢社交，善于当众侃侃而谈，无拘无束，甚至有喜欢表现自己的倾向。

6. 艺术型。给人以新潮、时髦感觉的前卫型人，往往五官立体身材较矮小，苗条，性格活泼、外向，观念超前。为了把魅力表现出来，她们非常适合流行的、别致的服饰。服饰语言强调特立独行、混搭、反常规，在一般人眼中这类女性穿得有点精灵古怪。但她们充满自信，自我，不太随波逐流，认为自己是才华横溢、非同寻常的。

7. 自然运动型。潇洒健美的自然型人，往往是神态较为轻松、亲切，直线型的身材颇有运动感，性格随和、落落大方。为了把这种不刻意修饰却又显时尚洒脱的魅力表现出来，她们非常适合穿着一些有都市感觉却又平凡普通的服饰。服饰语言特别强调舒适、方便、随意、自然、动感。这类女性往往拥有大量的牛仔裤、运动鞋和各种棉布衫、舒适的鞋、宽大柔软的包，她们动作无拘无束，说话自然随意，极具亲和力，性格宽容，喜欢与人交往。

风格和风格之间并不像刀切那样分割明确，风格和风格之间有部分重叠的倾向，特别是临近的风格之间，如古典型和优雅型之间，优雅型和浪漫型之间等。同时人的风格不完全是一成不变的格式，随着一个人的人生经历、人生观、价值观的改变，着装风格也会不断演化。

（二）男士气质风格的类型

1. 夸张戏剧型。他们成熟大气、引人注目，充满了鲜明的个性，给人以摩登、夸张的感觉，甚至会给人一种威慑力，一种强大的气势。他们面部轮廓线条分明、硬朗，存在感强，五官夸张而立体、量感强；身材骨感、宽厚、高大，看起来比实际身高显高；性格成熟，夸张、大气、风风火火。

此种类型的人适合摩登的、有舞台感的时尚服装；有夸张、宽松的大领口，枪驳头双排扣西装外套；有华丽时尚的面料，夸张、大气的图案和醒目的、装饰性强的饰物；宜选择饱和、有冲击力的色彩；适合强烈对比的搭配。

2. 潇洒自然型。潇洒、自然、随意的他们充满活力，散发出洒脱的魅力；敦厚大方，无距离感。他们面部轮廓及五官棱角不过于分明，有一定的柔和感；神态随意、轻松；身材健硕，潇洒，有活力，颇有运动感；性格随意、大方，亲和力强。

这类人适合随意、潇洒、略宽松、运动感强的服装，纯朴质感、大方、天然的面料，适合选择自然的花纹、格子、几何图案，佩戴朴实大方的饰物，宜选择大自然中有柔和倾向的色彩。

3. 端正古典型。他们稳重、端正、知性、高贵，有正式感。他们需要精致、正统的事物来衬托自己，表现出严谨，一丝不苟的风格。他们面部线条适中，五官端正、精致，面部整体有成熟、严谨感；身材板正、体型匀称适中；性格严谨、稳重、正统、知性。

这类人适合精致合体的服装，高级、挺括细腻的面料，均匀、规则理性倾向的色彩，适合同一色彩搭配。

4. 性感浪漫型。性感、风度翩翩的他们，适合华丽的服饰，给人以大气、夸张的氛围。他们面部与五官线条柔和，轮廓不硬直，眼神柔和性感；身材饱满，不僵硬；性格成熟，夸张而大气。

这类人适合做工华美的服装；华丽、光泽感强、细腻的面料；曲线感的图案；华丽、醒目、夸张的饰物；宜选择较为饱和、华丽但不过深暗的色彩；适合类似色彩搭配。

5. 摩登前卫型。他们给人以个性化强的印象，他们与众不同、标新立异，往往具有超前的思想。他们面部轮廓线条分明、清晰，五官个性立体；身材骨感、小骨架、比例匀称；性格尖锐、活泼、革新、叛逆。

这类人适合别具一格、引领潮流的服装；最新流行的面料；对比分明、时尚感强的图案；造型别出心裁的饰物；宜选择最具时尚、前卫感的色彩；适合对比的色彩搭配。

（三）如何判断个人风格

衣橱中经常、反复购买的衣服往往就是风格。世界观、人生经历、渴望的生活方式支配着人们选择服装。如果衣橱里有大量的休闲装、牛仔裤、T 恤衫，拥有者很可能是自然运动型的人；如果衣橱里尽是中规中矩的深色套装，拥有者则可能是古典型的人；如果衣橱里有大量的连衣裙、女人味十足的毛衣，可以肯定拥有者是浪漫型的人；如果衣橱里的服饰件件是精品，完美无瑕，整齐淡雅，拥有者多半是优雅的女性；如果拥有一个巨大的衣橱，里面装满了各式各样的服饰，像个服装收藏家，时尚的、名牌的、非名牌的，各种夸张的首饰、华贵无比的大披肩，她肯定是位戏剧型的女性；如果衣橱里充满精灵古怪的奇装异服，往往是艺术型的女性。

通过观察包和鞋就能入木三分地了解到一位女性的风格。性感风格的女人宁忍痛苦也要每天穿恨天高摆出一副撩人的姿态；自然运动型女性则追求舒适，每天穿看起来粗、笨、蠢的“大乌龙鞋”，天天背宽大舒适的包；古典优雅的女性，鞋子一般优雅精致；总是背着少数民族的包；穿着复古风格的鞋的人肯定都是艺术型的人。

如果一个人表现欲很强，说话滔滔不绝，服装颜色和款式冲击力强，搭配大胆，这样的人就属于戏剧型的人。而如果一个人谈吐优雅、措辞谨慎、谦虚被动，着装含蓄、拘谨、淡雅，这样的人则属于优雅型风格。

风度是判断一个人风格的最实用、最精准的方法。一个人练达、大气、风风火火，动作比较随意，着装也不是很精致、考究，绝不会为了美观而牺牲舒适，几乎可以肯定她是自然运动型的人。而一个人总把自己打扮得像个洋娃娃，活蹦乱跳，渴望呵护，拒绝成熟，则属于浪漫型的人。

第四节　服饰礼仪

人与人交往的第一印象大多来自着装。只有穿着打扮与环境相得益彰，才能展示出优雅、迷人的风度。家庭女性应了解着装的礼仪规范，提升家庭成员的礼仪修养。

一、服饰礼仪的基本原则

着装的TPO原则是世界通行的着装打扮的最基本原则。T代表时间、季节、时令、时；P代表地点、场合、职位；O代表目的、对象。TPO原则要求人们在穿着服装时，首先应当兼顾时间、地点、目的，服饰应力求和谐，符合时令；与所处场合环境，与不同国家、区域、民族的习俗相吻合；符合着装人的身份；根据不同的交往目的，交往对象选择服饰，给人留下良好的印象。

（一）时间原则

一年有四季的更替，一日有早中晚的变化。不同时间，着装的类别、款式、造型应随之变化。冬天要穿保暖、御寒的冬装，夏天要穿吸湿、透气、凉爽的夏装。白天工作社交，着装应当合身、严谨；晚上居家，着装应当宽大、随意等。

（二）地点原则

在室内还是室外，单位还是家中，驻足于闹市还是乡村，停留在国内还是国外，置身于不同的地点，着装也不甚相同，切不可以不变而应万变。如穿泳装出现在海滨、浴场，人们司空见惯，但若是穿着它去上班、逛街，则令人哗然。在国内，一位少女只要愿意，随时可以穿小背心、超短裙，但她若是以这身行头出现在着装保守的国家，就不合当地人的礼仪规范。

（三）目的性原则

人们的着装往往体现着一定的意愿。即自己对着装留给他人的印象如何是有一定预期的。着装要适合自己扮演的社会角色，不讲目的性，在现代社会是不可取的。服装的款式在表现服装的目的性方面发挥着一定的作用，如自尊与敬人，颓废与消沉，放肆与嚣张等。比如进行商业谈判，无论男女均应着正装，说明他郑重其事、渴望成功。而如果着装轻率或款式暴露、性感，则表示轻视对方、诚意不够，影响谈判的成效。

二、不同场合的服饰选择

不同时间、不同地点、不同目的的活动构成了不同场合，如公务场合、社交场合和休闲场合，无论什么时候着装要与场合相协调，家庭女性有必要了解不同场合的服饰搭配。

（一）正式场合的着装

出席正式场合如宴会、正式会见、招待会、颁奖晚会、婚丧礼、晚间的社交活动，男士必须穿符合该场合要求的服装。若无要求可穿深色西服、白色衬衫，并佩带有规则花纹或图案的领带，颜色对比不宜太强烈。

女士服装若无要求，要尽量穿小礼服或者不古板的套装裙。如参加音乐会，在国外是非常优雅的文艺活动，所以赴音乐会的着装都比较正式。很多音乐会礼堂都禁止穿背心和拖鞋的人进入。

参加宴请时女士要穿裙装，而且裙长要过膝，穿长裤不符合礼仪规范，会被认为过于随意，正式场合不能穿凉鞋。如果不了解要参加的晚会有什么着装要求，穿多点比穿得太少好。在我国，正式的社交场合的礼服是旗袍，旗袍也非常适合中国人的体形和气质。穿旗袍时，鞋子、饰物要配套，应当戴金、银、珍珠、玛瑙材质的项链、耳坠、胸花等。宜穿与旗袍颜色相同或相近的高跟或半高跟皮鞋。裘皮大衣、毛呢大衣、短小西装、开襟小毛衣和各种方形毛披肩可与旗袍配套穿着。

参加舞会应该穿裙子和舞鞋，最好不要穿得太暴露，并且穿好底裤，以免在现场出现走光的现象。

参加婚礼和葬礼这样特殊的场合也有特别的着装禁忌。参加葬礼原则上只能穿黑色或者深灰色的西服套装，以表示对死者和死者家属的尊重，切忌穿鲜艳的衣服和款式过于新潮或者暴露的衣服。

参加婚礼，最好穿着喜庆、漂亮，但是一定不能穿白色的纱裙以免和新娘撞衫，而国内的婚礼往往中西合璧，因此也要避免穿红色的衣服，其他的颜色和款式的漂亮衣服都可以，但切忌喧宾夺主，让自己尴尬。

知识链接

诺贝尔颁奖仪式着装要求

诺贝尔颁奖仪式关于着装有相应的国际规则，所有进入会场的人，要么选择晚礼服，要么选择自己民族的服装，着装不符合要求，不允许进入颁奖会场，记者都不例外。

（二）半正式场合的着装

半正式场合如上班、午宴、一般性访问。高级会议和白天举行的较隆重活动，男士可以穿中等色、浅色或较明亮的深色西服，衬衫可穿素净、文雅与西服颜色协调的衬衫，领带要求配有规则花纹或图案，或是素雅的单色领带。女士可穿职业套装、较正式的裙装。

（三）非正式场合的着装

在非正式场合如旅游、访友等，穿着可较为随便自由。男士可选择色调明朗轻快、花型华美的西服，衬衫可任意搭配，领带也可自由搭配，但切忌使用鲜红和朱红色领带；也可不穿衬衫，穿 T 恤衫。

观光游览的休闲场合一定要穿着方便、舒适自然，忌正规。最好穿运动鞋，这样游览下来人很放松，毫不拘谨，脚底也不那么疲惫。如果穿着套装去旅行，只会让周围的人觉得别扭。

健身运动时应当穿着运动服，方便运动，并且应当在运动结束之后马上清洗，避免因为运动出汗污渍凝固在衣物上，产生异味，影响下一次的健身和周围健身的人。

知识链接

男士袜子搭配技巧

常被穿在鞋子里的袜子很容易被人们忽略，因为是随意挑选的，所以往往与着装不搭，甚至有人不穿袜子，觉得根本没有人会在乎。但是男士要知道袜子也很重要，那么，男士的袜子如何搭配呢？

正装袜以单色和简单的花纹为主，多为黑、灰或藏蓝等深色，而且材质最好是吸汗透气又松紧适度的棉、毛和弹性纤维，而且正装袜必须是薄而不透明且长及小腿肚。如果是传统而严谨的绅士，搭配礼服宜选择黑色丝质袜，不过现在大多数的男士都选择哑光质地的薄羊毛袜，可以突出裤子以及鞋子的质地光泽。所以正装袜以轻薄为主，不要选择笨重的黑色厚袜子。

无论出席什么场合，正装袜通常都应该与西裤、皮鞋颜色相同或相近，如果皮鞋与西裤的色差较大，那至少应该保持袜子与皮鞋同色，使得整个形象看起来完整、统一。否则男士坐着的时候，在西裤的裤腿和皮鞋之间露出来一截雪白的袜子，绝对是贻笑大方的搭配禁忌。

1. 男袜的颜色应该是基本的中性色，并且比长裤的颜色深。男袜的颜色与西装相配是最时髦也最简单的穿法，如果西装是灰色的，可以选择灰色的袜子，浅色西装配较深的茶色或棕色袜子。

2. 白色和浅色的纯棉袜该用来配休闲风格的衣裤和便鞋。穿西装短裤时，太长的袜子显得土气，要穿长度在小腿肚以下的短袜，最好是刚刚到脚踝的短款袜子。而且尽量挑不醒目的浅颜色。若做纯白的运动打扮，袜子一定要是纤尘不染的白色运动袜。

3. 特别提醒。确保袜子的长度使你不至于在坐下时，或是一条腿搭在另一条腿上时露出腿部的皮肤。

男士日常着装要多注意一下细节，多一些用心就会接近完美，让品位升级。

第五节　服饰品消费与保养

服装消费是家庭消费的重要组成部分，不当消费就会增加生活成本，家庭女性应控制浪费，合理开支。同时，为了家庭成员的健康，科学选择服装。

一、家庭服饰品的消费

（一）购买健康环保的服装

随着服装科学与艺术的进步，人们已不满足于对服装的拥有，而是在美观的基础上，更重视穿着舒适与健康。

1. 选择环保健康的面料

服装面料与人体直接接触，最容易影响人体健康。随着人类对服装材料需求的增加，化学纤维成为炙手可热的纺织材料，这类纤维是从煤、石油、天然气等高分子化合物或含氮化合物中提取出来的，其中有些品种很可能成为过敏原，导致过敏性皮炎。化学纤维面料吸湿、透气性差，容易影响汗液蒸发和皮肤呼吸；摩擦易带静电，给生活带来不便。只要贴身内衣选用天然纤维面料，大多数化纤衣料引起的皮肤损害是可以避免的。

天然纤维面料棉、麻、丝温和无刺激，是服装面料尤其内衣面料的首选。真丝面料被称为衣料中的“皇后”，不仅美丽轻盈、柔软滑爽，还具有独特的保健功能。蚕丝是一种天然的多孔蛋白质纤维，用它织成的丝绸有良好的吸湿透气性，有利于调节人体的温湿度，影响人的性情和健康。

亚麻被称为“天然的空调”，其吸湿利汗性极好，在湿度较大的天气和我国南方地区的夏季，穿着亚麻衣服会使人感觉身体干爽，体温平衡，心情愉悦。

婴幼儿皮肤细嫩，发汗机能旺盛，应选择轻柔、通透性、吸水性好的无刺激性全棉面料织品。

2. 合理选择使用有色服装

人们追求服装斑斓的色彩，免烫挺括的外形，但染料、助剂、整理剂等都是化学药品，当其含量达到一定值时，就会给人体健康造成危害。为了增加色牢度，防皱、防缩或改善手感，就需在助剂中添加甲醛。甲醛超标会引起头痛、四肢无力、体温变化、排汗不规则、脉搏加快、皮炎皮肤过敏等症状。部分偶氮染料，对人体有致癌作用。纺织品中可能残留有汞、镍、铬等重金属，含量过高，不仅会减弱人的免疫功能，诱发癌症，还会伤害人的中枢神经。

因此，新买来的服装尤其是贴身衣服、婴幼儿服装，一定要先用清水浸泡、洗涤之后再穿。为了适应全球绿色环保的要求，我国研究种植出了彩棉，彩棉带有天然的色泽。由于婴幼儿抵抗力较差，最好选择纯天然彩棉服装。

3. 合理选择符合家庭成员年龄的服装款式

丰富多样的服装款式给了人们更多选择，不当的着装习惯会影响身体的健康，应科学合理地选择着装款式。

（1）合理选择婴幼儿服装的款式。婴幼儿由于身体娇软，不适合穿套头装，最好选择前开襟或侧开襟系带子的服装，如和尚服。

(2) 合理选择中老年人服装。为中老年人选择服装应端庄大方，符合其长者气质和风度。服装款式以宽松为宜，不宜选择紧身衣裤。由于中老年人体型发生变化，腹部较为突出，因此上衣不能太短，线条应简洁明快。服装颜色尽量跳出黑、灰、蓝的限制，但色彩和花型应尽量雅致。面料应柔软舒适，以棉质面料为佳。

(3) 适度穿紧身服装，养成良好的着装习惯。如今，女子穿紧身衣已成为一种时尚，由于它弹性高，能突出曲线美，热爱苗条的女性趋之若鹜。但是长期穿着紧身衣对人体健康有一定的损害，不仅会增加腹压、胸腔压力，压迫内脏器官和血管，影响血液循环，容易引起食欲不振、消化不良、呼吸不畅，甚至会导致内脏器官畸形。

女性长期穿着紧身衣容易引发妇科疾病，尤其月经期间更应着宽松棉质内衣。孕妇穿紧身衣不仅会影响自己的健康，而且对胎儿的生长发育也会造成不良影响。儿童和青少年正处于生长期，长期穿着紧身衣甚至会影响胸廓的正常发育，造成胸廓的畸形，影响生理健康，同时由于紧身衣的束缚，易影响性心理健康。因此，为了身体健康，应养成良好的着装习惯，适度穿紧身衣。

(4) 不要长期穿着免烫衣服。随着生活节奏加快，免熨烫服装越来越受青睐，但是，免熨烫工艺中用到的整理剂含有甲醛，所以这类衣服是最容易甲醛超标的。甲醛过敏者，勿穿免烫服饰。消费者选购免烫服装后，最好洗涤一两次再穿。不穿时应把免烫衣服挂在通风处，让衣服中的甲醛释放出来随风飘散，尤其不要长期穿戴免烫衣服。

小贴士

服装生产中残留针与人体健康

在服装的生产加工过程中，缝纫机针可能断裂并残留在服装中，如不经检针取出，会给着装者带来极大的危害。而有些服装企业不设检针工序，使健康着装存在很大隐患。新买的服装，尤其是婴幼儿服装，在穿着之前一定要用手抓摸，进行手动检针。

(二) 建立正确的服装消费观

购买服装时，应根据前两节介绍的内容有计划、有目的地购置服装，而不能仅凭一时的热情和冲动。

1. 购买服装宁缺毋滥

流行趋势瞬息万变，周而复始，盲目追逐，对形成稳定风格有很大影响。购买服装应根据自身的身材、气质等特点，从款式、材质、颜色到剪裁、工艺等方面斟酌，购置经得起推敲且能与已有单品相搭配的服装，比如不受流行影响的基本款的服饰。购物过程中尽量试穿，同时总结试穿经验，服装摆件和图片往往与实际穿着效果相去甚远。网购服装要做到对自己及家人的体型、肤色和气质有充分的了解，对目标服装的上身效果有充分的预判。总之，购买服装要做到少而精，尽量避免冲动购物，造成家庭财富和资源的浪费。

2. 在家庭购买力允许范围内购置服装

据调查，女性是家庭消费的主导者，女性的消费观念和消费行为直接影响着家庭的消费行为。因此，女性要科学分配家庭收入，合理消费。在家庭购买力允许的范围内，购置有需求的服饰品，切忌盲目追求物质享受、潮流和时尚，而忽视家庭的收支平衡和家庭消费的可持续性。

3. 正确看待奢侈品

奢侈品在国际上被普遍定义为“一种超出人们生存与发展需要范围的，具有独特、稀缺、珍奇等特点的消费品”，又称为非生活必需品。奢侈品是在一定的历史条件下产生的，品牌发展过程中充满了曲折和坚毅，任何一个奢侈品品牌都有其深厚的文化内涵。全球约六成的奢侈品，其产地均为中国。这些奢侈品也折射出中国人的辛勤劳动和精湛技艺。以消费奢侈品来炫耀财富和身份，进行攀比，却忽视了其附属的奢侈品文化，是一种不良心态的表现。全球奢侈品消费的平均水平是自我财富水平的4%左右，所以应正确地认识奢侈品消费，提升自身品位，树立理性的消费观和价值观。

二、家庭服饰品的保养

（一）不同面料服装的洗涤方法

丝绸服装及毛料服装一般选择手洗，在洗涤前，浸泡时间不宜过长，应随泡随洗，使用专用洗涤剂轻轻漂洗，轻轻压挤水分，切忌拧绞。

粘胶纤维衣物缩水率大，湿强度低，要随浸随洗，不可长时间浸泡。粘胶纤维织物遇水会发硬，因此洗涤时要轻洗，以免起毛或裂口，清洗结束后，折叠衣服挤掉水分，切忌拧绞。忌曝晒，应在阴凉或通风处晾干。

麻纤维衣物洗涤时用力强度要比棉织衣物轻些，切忌使用硬刷和用力揉搓，以免布面起毛。麻纤维织物洗完后不可用力拧绞，如果是有色织物，切忌用热水烫泡，也不宜在阳光下曝晒，以免褪色。

针对不同材质的服装，家庭女性应选择不同的洗护方法。

> **小贴士**
>
> **婴幼儿服装不宜干洗**
>
> 因干洗剂中可能含有刺激婴幼儿皮肤的物质，因此国家标准要求婴幼儿服装必须在标识上注明“不可干洗”字样。

（二）不同种类服装晾晒方法

1. 文胸的晾晒方法

洗后用手轻轻挤或用毛巾把内衣包在中间吸取水分，甩几下，拉平，尽量把皱纹弄平，文胸的晾晒最好采用专用晾晒架，也可用夹子左右对称固定文胸没有弹性的地方，倒挂晾晒，可防止文胸走形。切忌用衣架勾住文胸的吊带晾晒，容易使肩带变稀松，缩短服装寿命。太阳光的直射是文胸变黄、褪色、布料弱化的原因，应在通风处晾干。

2. 斜裁服装的晾晒方法

斜裁服装如斜裙、斜裁的上衣，这类服装容易沿斜纱方向走形，变得又细又长，尤其是洗涤后衣物含有大量的水，会加重服装的形变，最好平铺晾晒，或用两到三个衣架同时晾晒以减轻重力对服装的影响。

3. 羊毛衫、毛衣等针织面料衣物晾晒方法

针织服装与斜裁服装类似，为了防止该类衣服变形，可在洗涤后把它们装入网兜，挂在通风处晾干；或者用两个衣架悬挂，以避免因悬挂过重而变形；也可以平铺晾晒。

毛衣洗毕脱水后，平展整形，略干后再挂到衣架上，在通风阴凉处晾干。细毛线衣晾晒前，最好先在衣架上卷上一层毛巾，防止变形。

4. 羽绒服的晾晒方法

羽绒服装晾晒时要将其抖开、摊拉平，再用衣架挂在阴凉处晾干，不让阳光直接曝晒。

小贴士

干洗完的服装不宜立即收藏

现在，人们干洗衣服的次数越来越多，但由于干洗用到了许多化学药品，并且是把不同人群的服装放到一起洗涤，因此干洗后的服装不要立即放到衣柜中，应在通风条件良好的地方充分晾晒后再收藏，同时要注意能不干洗的衣物，尽量不要采取干洗的方式进行洗涤。

（三）不同部位服装的熨烫方法和注意事项

服装熨烫的顺序一般为先里后外，先上后下，先左后右，不同部位熨烫需借助熨烫工具以达到不破坏原有衣型的目的。

1. 领子的熨烫

衬衣领平铺熨烫即可，而毛呢大衣领、西服领在熨烫时要借助工具，可选择沙发靠垫来完成领子的窝势熨烫。

2. 肩部的熨烫

采用平铺的方式熨烫肩部，衬衣除外，会破坏肩部的圆润造型，应使用熨烫肩部的模具，也可用靠垫代替模具，或将毛巾塞入洗澡巾中起到模具的作用。熨烫时要顺着肩部造型熨烫，肩头不可用力太重，可用熨斗的蒸汽喷烫。

3. 袖管、裤管的熨烫

袖管、裤管的熨烫最好采用窄烫板模具，将烫板深入袖管、裤管中熨烫。

4. 女士上装的胸腰部、下装腰臀部的熨烫

女士上装的胸腰部、下装腰臀部熨烫都要符合人体的凹凸，熨烫时同样需借助半圆形模具，使服装经过熨烫后不破坏原有造型。

无论是何种衣物，整烫完毕后不宜马上打包或收进衣橱，需吊在通风处或冷气室内蒸发（烫衣蒸汽），必要时可用吹风机吹干，衣物收藏时才不致重新起皱或发霉。

思考与训练

1. 分析讨论周围同学着装中成功或失败的搭配，并提出自己的看法。

2. 案例：王芳毕业 5 年了，下星期要去北京参加同学聚会。聚会的大体安排是：第一天晚上安排住宿聚餐，第二天游香山，第三天泡温泉。

请你帮她设计一下这几天需带的服装及搭配方法。

3. 案例：小赵和小王原本是同学，两人毕业两年了，都在北京工作，虽然工作很忙，但只要有时间就打电话、发微信，休息日还要聚一聚，从未断过联系。一个周末，二人相约吃饭，小赵打电话给小王："你要等我一下，我接个快递。"小王回道："你怎么总是接快递，网购了那么多衣服，也没见你穿几件。""你又不是不知道，有好多衣服买回来穿不得，但是我不得不网购，网购便宜又节省时间。我可舍不得像你一样，连续吃三个月泡面，就为了买个 LV 的包，值得吗？"

试分析小赵和小王的服装消费观念。

4. 案例：小刘是一家公司的职员，从小就一心只读圣贤书，从没有注重过穿着打扮。但工作之后，她发现身边的同事个个衣服搭配得让人赏心悦目，内心十分沮丧。她有时也向关系好的同事请教，同事们告诉她衣服不用总买新的，即使要买，也要注意与已有服装的颜色、款式搭配，但她总抓不住规律。雇个陪购，费用太高，内心不舍，再说也不是长远之计；报个形象设计班，让老师们帮着分析分析，又没有时间学，内心非常纠结。同事们建议她翻阅时尚杂志，浏览时尚网站，跟着明星学搭配。

如果你是小刘的同事，会给她什么样的服装搭配建议呢？

5. 案例：又到了一年的毕业季，同学们都准备找工作了，不知为什么一向性格活泼开朗的小李最近几天总是愁容满面，闺蜜小张问她有什么烦心事，小李说："你说咱们是好朋友，但怎么差这么多呢？你稳重大方，像大家闺秀，衣着也非常得体，而我个子不高还不说，屁股大腿粗，还有着孩子样的性格，穿衣服也孩子气。你要是用人单位，是想录取你这样的还是我这样的呢？你说我买些什么衣服穿起来才显成熟些呢？"

如果你是小张，你会给小李什么样的着装建议呢？

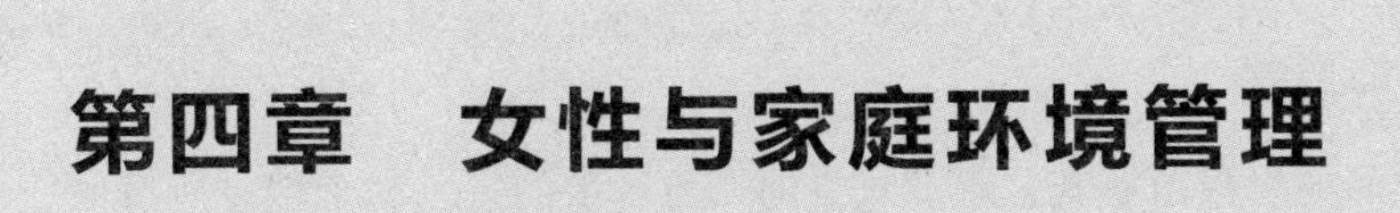

第四章　女性与家庭环境管理

学习目标

1. 了解家庭装饰的风格；了解家庭宠物植物的种类、花艺造型的种类；了解家庭安全常见问题。

2. 理解家庭装饰中不同房间色彩选择原理；理解花艺造型与鲜花保鲜的基本原理。

3. 掌握家庭装饰色彩搭配原则、饰品摆放的技巧、家庭宠物植物养护方法；掌握花艺造型的原则和方法；掌握解决一般家庭安全事故的预防和救护措施。

4. 能够根据家庭装饰原则进行室内装饰设计及饰品的摆放；能够根据不同种类的宠物、植物的特点，实施最优的养护；能够根据室内特点进行花艺造型和摆放；能够根据家庭出现的安全问题，及时找到解决方法；掌握物联网技术在家庭中的应用。

人的成长发展始于家庭，人类赖以生存的衣、食、住、行都离不开家庭环境。家庭是社会的细胞，女性是家庭中的细胞核，所以女性与家庭环境有着天然的密切关系。女性其独特的生理特征及其在家庭、消费、社会中的地位，决定了在家庭环境建设中的特殊作用。建设良好的家庭生活环境，女性功不可没，也尤为重要。家庭环境布置的审美观，直接或间接地影响着下一代的成长。因此，随着现代家庭的发展，家庭女性已经逐渐成为家庭环境及美丽庭院建设的倡导者和行动者。本章主要从家庭装饰、家庭宠物植物养护、家庭花艺和家庭安全管理四个方面，介绍女性在家庭环境管理中的重要作用。

第一节　家庭装饰

家庭装饰的文化气息日益受到人们重视，其审美标准已超越了昂贵材料的堆砌或单纯地追赶时髦，它能充分反映居室主人的个性特征、装饰的艺术观赏和给生活带来实用方便的效果。总体上看，进入 21 世纪的现代家庭装饰，更讲究理性和实效的完美，尤其是随着科技的发展，智能产品带来的便利已渗透到生活点滴中，科技正在改变着人们的家居生活。

一、室内装饰风格

风格即艺术作品的思想内涵和艺术形式方面所显示出的特色和个性。所有的室内装饰都有其艺术特色和个性，而把一个时代、一个流派或一种文化背景的室内装饰相同的艺术特色提炼出来，将之运用于室内设计的各方面装饰布置的表现形式，称为室内装饰风格。现今比较流行的室内设计风格主要有欧式风格、中式风格、日式风格、现代风格、后现代风格及自然风格等。

（一）欧式古典风格

欧式古典风格在空间上追求连续性，追求形体的变化和层次感，如图 4 - 1。室内外色彩鲜艳，光影变化丰富。室内多用带有图案的壁纸、地毯、窗帘、床罩、帐幔以及古典式装饰画或物件。

图 4 - 1　欧式客厅室内装修设计效果图

（二）中式风格

中式风格以中国明、清传统的家具及中式园林式建筑、色彩等设计造型为代表。其特点是简朴、对称、文化性强，格调高雅，具有较高的审美情趣，是社会地位的象征，如图 4 - 2。

图 4 - 2　新中式风格的室内设计效果图

（三）现代风格

现代风格起源于1919年成立的鲍豪斯学派，该学派强调突破旧传统，创造新建筑，重视功能和空间组织，注意发挥结构本身的形式美，造型简洁，反对多余装饰，崇尚合理的构成工艺，尊重材料的性能，讲究材料自身的质地和色彩的配置效果，发展了非传统的以功能布局为依据的不对称的构图方法，如图4-3。

图4-3　现代风格的室内设计效果图

（四）自然风格

自然风格强调人类与自然的和谐，大量运用木、石、藤和绿色植物等自然元素，创造类似自然的轻松的生活环境，以消减现代高节奏、高压力给人们带来的生活压力，使人们在家中能获得生理和心理的平衡，如图4-4。

图4-4　自然风格的室内设计效果图

小贴士

家庭装饰中的卡座情调

说起卡座，想到的就是餐厅、酒吧等休闲场所，在这喝茶、聊天、下棋很舒服。但是把它用在家里也很有特色，不仅完美利用角落，还增添了空间的美感，现在在小户型装修中超流行，将卡座用在厨房边极为常见，小窗边的卡座，有坐在咖啡厅的感觉，纯白色小型卡座与同色橱柜完美结合、融为一体，形成一种整体美，为平淡的空间增添了一抹独特的景观。

二、家庭装饰中的色彩选择

色彩带给人的感受是直接的，也是长期的，现代的家庭装饰一直在强调“以人为本”，就是根据居住者的爱好来设计房间。但是无论如何设计，都会充分考虑色彩的作用，让居住者住得舒服。家庭装饰的色彩搭配要遵循一个原则：自上而下、由浅到深。家庭装饰的目的就是美化生活，善于色彩搭配，也就是懂得如何享受生活，让色彩使我们的家庭美丽、舒适和富有艺术气息，家庭女性了解家庭装饰中色彩选择相关的知识，很有必要。

（一）色彩搭配营造出不同的视觉效果

1. 利用色彩特性改变房间大小

利用色彩的特性可以营造出自己需要的空间效果。特性不同的色彩可以营造出各种不同的感觉，如高明度的暖色突出感较强，给人接近的感觉，反之，明度低的冷色则感觉距离远些；色彩装饰倾向于深色，给人稳重的感觉，颜色浅则显得轻浮。根据这一道理，大房间为避免空旷无聊的感觉，选用米黄、紫罗兰等暖色会显得温馨充实。对于较小的客厅或房间，由于空间的局限，长期居住会给人紧张感，所以宜用冷色来装饰墙面，使墙面有向后推移的感觉。

2. 利用家具颜色和室外环境选择装饰

房间中家具是必不可少的，因此房间的设计与家具的颜色应协调一致。如果家具是深棕色或红木漆等较暗的颜色，房间设计可以选用稍活跃又不过于鲜艳的色彩带动房间气氛。长期居住在纯度过高的色彩装饰的房间里，会使人疲劳，而过于暗淡，又让整个房间显得阴沉无力。

（二）根据房间用途选择色彩装饰

1. 客　厅

客厅要求轻松自在、简单自然。客厅的装饰往往显示着主人的性格内涵，所以它是很多家庭装饰的重点，既要明亮又要大方得体。选用一些高雅的色调如浅玫瑰红、土耳其玉蓝、淡紫、咖啡色等，不仅可以提高主人的品位，而且会让人感到心情愉快，创造很好的聊天环境。现在的年轻人大多自由随性、不受拘束，尤其是作为休闲区域的客厅，因为承载了休憩、聊天、娱乐、待客等多种需求，没有条条框框的限制，可以怎么舒服怎么设计。

2. 卧　室

老年人的房间要求安静，因此装饰色彩不能杂乱，要淡雅，中性色的装饰能起到舒畅性情的作用。青年夫妇的房间为了增加情调，可以用粉色或米黄色来装饰，显得温馨柔和。

3. 厨　房

厨房讲究的是干净、实用、易清理。装修色彩要明亮不杂乱，选用浅色调比较适合，偏冷的颜色还会让厨房的面积显得较大。

4. 餐　厅

餐厅的布置和装饰会显露出主人的兴趣爱好。装饰色彩要温馨，以增加食欲，浅棕色或杏色都是不错的选择。

三、家居饰品摆放

现代家居饰品逐渐从传统的功能性设施慢慢演变成了集功能、装饰、个性于一体的工艺品。时装化家具设计打破了以物（产品）为中心的设计观念，回归到了以人为中心的设计立场。时装和家居饰品的完美融合是相依相偎的。好的家居布置给我们带来的不仅仅是感官上的愉悦，更有健怡身心、丰富居家情调的效果。居所是女性心中避风的港湾，与家中的物品朝夕相处，她们更能领会到家居饰品与日常生活之间的紧密关系。

（一）结合整体风格

布置家居饰品首先要确定风格，要了解什么样的风格配什么样的饰品才能做到好马配好鞍的效果。具体操作中，首先需要找出大致的风格与色调，简单还是复杂，浓重还是清淡，都决定了饰品的选择，依照确定的装修风格和色调来布置家居，就不容易出现“不搭调”的情况。

（二）参照饰品特色

要将一些家居装饰品组合在一起，使它们成为视觉焦点的一部分，对称平衡感很重要。旁边有大型家具时，排列的顺序应该由高到低陈列，以避免视觉上出现不协调感。或是保持两个饰品的重心一致。另外，摆放饰品时前小后大层次分明能突出每个饰品的特色，在视觉上就会感觉很舒服。

知识链接

现代家居中的布艺装饰

现代家庭开始引入不同颜色、图案的家居布艺。无论是色彩炫丽印花布、还是华丽的丝绸、浪漫的蕾丝，只需要换不同风格的家居布艺，就可以变换出不同的家居风格。这比更换家具更经济、更容易完成。家饰布艺的色系要统一，使搭配更加和谐，增强居室的整体感。家居中硬的线条和冷色调，都可以用布艺来柔化。春天时，挑选清新的花朵图案，春意盎然；夏天时，选择清爽的水果或花草图案；秋、冬天，则可换上毛茸茸的抱枕，温暖过冬。

四、物联网在家庭中的应用

家庭物联网系统是以智能家居为平台，利用综合布线技术、网络通信技术、安全防范技术、自动控制技术、音视频技术将家居生活有关的设施集成，构建高效的住宅设施与家庭日程事务的管理系统，它能提升家居安全性、便利性、舒适性、艺术性，并实现环保节能的居住环境。家居物联网的出现，将极大地改变我们的家居环境，甚至是社会生活习惯，其本质是物理无缝集成到信息网络中，实现真实世界与互联世界的融合。

（一）家庭中的黑白家电实现智能互联

除了白色家电控制管理应用外，家居物联环境中的物联黑色家电终端也将更智能，更娱乐。未来的家用物联 TV 会智能判断感知人观看电视节目时与电视的距离，当距离过近会自动黑屏并通过内置的语音合成软件进行语音播报提示。而电视节目提供商在得到客户允许后，收集客户平时喜欢观看的电视节目，有新的客户喜欢的节目出现会第一时间通过 TTS 技术进行合成播报推荐，用户可选择接受或拒绝。

图 4-5　家居智能互联

物联家电终端出现产品故障等问题时，会第一时间通过语音合成技术向室内的客户报警，并将家电故障数据提交给厂商的售后部门以及指定的用户手机中。售后部门的服务处理中心得到数据，并从云处理中心得到准确的操作步骤，反馈给客户，并指派工程师去提供维护服务。

（二）家庭电器与远程控制

通信网关与物联终端基于统一的互联通信协议（如闪联标准），物联终端和传感采集装置可将整个家庭环境中的动静态数据信息通过通信网关与家庭控制管理进行数据的交互。当出现异常的数据信息时，能迅速地将数据上传，并进行室内的报警。用户在外出时，可以通过移动互联终端如手机，精确地对家中的电器进行操控，在夏日的下班途中，可以远程控制家中的空调提前开启，等踏入家门时，将是舒适的温度。

每个家庭的家居物联网可以对外来访问请求设置相应的等级，最大地保障用户的隐私使用权益。不同访问等级将访问不同权限的家居联网数据信息。

五、女性在家庭装饰中的作用

在家庭装修过程中，家庭女性往往承担主要角色，尤其在确定产品类型、设计风格之后的琐碎事务方面多半为女性来打点和沟通。

（一）女性参与设计的家具有浪漫气息

女人天生爱美。房屋装修就好比给“赤裸”的房子穿上衣服，而选购和试穿衣服对于各年龄段的女人来说都是一件乐事，再加上她们在美容、瘦身领域常年也积累了丰富经验，参与设计家庭装饰时更具审美优势。

（二）女性参与构思设计出的家庭更环保

女性对外部环境的变化更加敏感，女人娇嫩的肌肤会很快感受到装修材料里的辐射、甲醛和其他有毒气体的伤害，女人与生俱来的母性，会让她们在第一时间发现和甄别污染源，从而选择健康绿色的装修材料，保护全家人的身体健康。

小贴士

房屋装修带来的环境污染

随着人们生活水平的提高，房屋逐步更换，其建筑材料有较多的放射性元素，对人的身体有害，而且，近几年来，绝大多数人们拿到新屋之后，程度不同地装修一番之后才去居住。在装修房屋时，人们往往使用油漆、涂料、多彩喷涂等含苯物质，这些物质会引起人们头痛、过敏并损害肝脏。苯是脂溶性物质，妇女体内脂肪较多，因此，苯在妇女体内存在时间长于男性，对妇女健康危害较大。

（三）女性参与的装修过程，更注重节俭

房屋装修花费大而且破费精力，如果在选择建材过程中，像男人一样粗糙的话，要多花去很多费用。由于女性心细、谨慎，对数字敏感，善于砍价，必然能在房屋装修上节省很多支出。

第二节 家庭宠物、植物养护

随着我国经济的迅速发展和人们生活水平的提高，宠物已成为许多家庭不可缺少的亲密伙伴。以前的宠物一般是哺乳纲或鸟纲的动物，因为这些动物脑子比较发达，容易和人交流。实际生活中的宠物包括鱼纲、爬行纲、两栖纲甚至昆虫等体型比较小的动物。植物是绿化美化环境的装饰品，浓郁的花香使人心旷神怡，陶冶情操，许多盆栽花卉对人还具有保健作用。因此，绿色植物成为现代家庭居室中不可缺少的文化生活内容之一。那些能随时跟在人们身边，或在居室中

时常欣赏到、感受到的宠物植物带给人们舒畅的心情，对缓解现代人压力，完善社会个体的不健全心理也均有极好疗效。家庭女性了解宠物植物养护的相关知识对提升家庭幸福感有很大的帮助。

一、家庭宠物饲养

（一）家庭常见猫的饲养

从饲养的角度，可将猫分为家猫和野猫两类，家猫不过分依赖人类，依然保持一定的独立本能，脱离饲养后很快会野化。

1. 国内常见饲养猫的品种

我国各地饲养的猫多为短毛猫，短毛猫是家养宠物猫的常见品种。短毛猫的品种非常多。大多数的短毛猫性情都非常温和，非常聪明顾家，它们喜欢和儿童和老年玩耍，对主人都非常依恋。

2. 国外常见饲养猫的品种

国外饲养猫更加注重观赏性，因此，对猫培育的方向也以增加花色品种和外部观赏特征为主。

3. 宠物猫的喂养

猫吃东西时非常“挑剔”，它们喜欢新鲜的食物，吃得不多，但要吃很多次。猫的食盆要清洁，而且猫要在远离嘈杂没有强烈光线的环境里进食。猫进食的地点应该是固定的，这样猫可以在那儿不受干扰地进食。不要在室外喂猫，因为露天食物容易受到污染，还可能会招来老鼠。

图 4 - 6　山东狮子猫

小贴士

宠物猫饲养小技巧

当你回家时发现水快没了，就补上。临出门前也都给它补满。不必特地喂。快空了就补上。当然偶尔改善伙食喂点鱼汤、牛奶之类的，它可能会对你更喜欢。注意：猫一般不吃调料，也不需要盐，所以不要在汤里或水里放盐。冬天注意尽量给温水。

（二）宠物犬的饲养

1. 家庭常见犬的种类

由于居住空间的限制，一般城市都饲养小巧玲珑、性情温顺的安静犬型，如博美犬、迷你雪纳瑞、吉娃娃犬和北京犬等。

图 4－7　博美犬

2. 宠物犬的喂养

（1）宠物犬喂食。幼犬消化能力弱，人的食物对它们来说既诱惑又危险。动物肝脏、禽类骨头、巧克力、葱和洋葱，更是爱犬的健康杀手。主人应只给小狗提供优质的幼犬专用食品。幼犬进食应掌握“少食多餐”的原则，一天四次，每次的量不可太多。清洁的饮水应随时供应，家里的凉开水最适合小狗。

■ 知识链接 ■

幼犬断奶最佳时期

许多人往往不知道如何为幼犬断奶，对宠物狗狗来讲，断奶是一个逐渐的过程。一般来讲，狗狗三个星期之后增添了狗粮等辅食，吃奶的次数随之减少，到 6 个星期就可以完全断奶了。断奶的时间不宜选择在夏季。如恰遇夏季，可以把断奶时间推迟到秋季。有些主人不顾狗狗的生长需要，一味地延长哺乳期，这样做的后果，既使狗狗恋乳，不爱狗粮及其他辅食，又易造成狗狗消瘦、营养不良、平时多病，甚至影响生长发育。所以，应当断奶时就要断奶。

（2）宠物犬排泄。最初，犬会自己选择家中的一个地方大小便，用废报纸沾上它的一点小便，铺在它选择的这个地方。犬很乐意在自己选择的、有自己气味的地方反复排便。逐渐挪动报纸，每次只挪一点，让犬形成找报纸排便的意识，最终就可以把报纸挪到你为它选择的排便地点。

（3）宠物犬洗澡。犬皮脂腺的分泌物和排泄后留下的一些粪尿，可使被毛缠绕，发出阵阵臭味。尤其是在炎热潮湿的季节，因此，要保持皮肤的清洁卫生，经常为犬洗澡，有利于犬的健康。

■ 知识链接 ■

为何爱犬喜欢咬东西

幼犬为什么喜欢乱咬东西呢？幼犬在断奶后、一月龄左右时，正处在长牙齿期，会很痒。到四五月龄时，因为换牙，也会很痒。至少要到八九月龄，等恒齿完全停止长大，才慢慢不再痒。这期间，它们都会用咬东西的办法来止痒。成年以后就不会乱咬了。如果再咬，则可能是心理因素，例如缺乏安全感，寂寞，想找一个主人。

（三）观赏鱼的饲养

观赏鱼只是指那些具有观赏价值的有鲜艳色彩或奇特形状的鱼类。它们分布在世界各地，品种不下数千种。它们有的生活在淡水中，有的生活在海水中，有的来自温带地区，有的来自热带地区。它们有的以色彩绚丽而著称，有的以形状怪异而称奇，有的以稀少名贵而闻名。在世界观赏鱼市场中，它们通常由三大品系组成，即温带淡水观赏鱼，如红鲫鱼、金鱼和日本锦鲤等；热带淡水观赏鱼，如红绿灯、红七彩和银龙鱼等；热带海水观赏鱼，如红小丑、大帆倒吊、红尾蝶和黑白关刀等。对鱼健康与否的鉴别一般以人眼进行感官判别即可。

1. 家庭常见观赏鱼的种类

（1）红鲫鱼。红鲫鱼又名金鲫鱼，它是普通鲫鱼发生变异的红黄鲫鱼在人工饲养的情况下形成的一个品种，是金鱼最古老的一个品种。主要取食水蚤和水蚯蚓。

（2）红绿灯。红绿灯鱼又名红莲灯鱼、霓虹灯鱼、红绿霓虹灯鱼、红灯鱼，全身笼罩着青绿色光彩，从头部到尾部有一条明亮的蓝绿色带，体后半部蓝绿色带下方还有一条红色带，腹部蓝白色，红色带和蓝色带贯穿全身，光彩夺目。

小贴士

养鱼新人可选用什么样的观赏鱼

如果你是养鱼的新手，市面上琳琅满目的观赏鱼绝对能让你在挑选时眼花缭乱，但若盲目地选择一些回去，自己不知如何饲养，鱼儿会很快死掉。如何才能选到我们自己喜爱，又适合新手饲养的观赏鱼呢？

①新手和懒人可选金鱼和鲤鱼。对于新手和没有太多时间照顾鱼儿的市民来说，可选择一些常见的观赏鱼，如金鱼、红鲫鱼、锦鲤、接吻鱼、孔雀鱼、罗汉鱼等，这些都属于好养的品种。而且金鱼和鲤鱼这样的品种，价格亲民。

②不要选购独处的鱼。在挑选鱼的时候，健康的鱼外观色泽艳丽、花纹明显，没有发白现象，鱼的线条流畅，有活力，抢食积极，用捞网不易捉到。有伤口和鳞片掉落情况的鱼不要买。不要选购独处的鱼。如果见到盆里有死鱼，盆里的其他鱼最好也不要购买。

此外，有些鱼买的时候还小，但是经过一定的时间会长大，这就需要在购买的时候考虑家里的鱼缸是否够用。

2. 观赏鱼的日常护理

（1）投喂饲料。鱼放入养殖容器后，每天最基本的工作便是喂食。若投喂过多，剩饵不断，鱼粪又多，水质容易混浊。投喂过少，鱼自然又吃不饱。每天投饲料的次数和每次的投量，要根据具体情况掌握。一般日投喂次数应掌握在1～3次。每次投饲料的数量要根据鱼体大小、鱼数多少以及日投喂次数掌握。

（2）排污换水。一般来说，缸中铺砂种草、开过滤器、定时添加有益菌对净化水质是有很大作用的。不过，尽管我们的水族箱可以建立起较好的生态过滤系统，但这个生态环境还毕竟太小，比起天然水域鱼的密度又太大，因此，“生态平衡”更容易遭到破坏。

（3）照明。如果是裸缸养鱼，对照明要求一般较低，尽管光照对一些鱼的体色、体质有一定影响，但往往以自然采光为主，或补充少量灯光照明。大部分在裸缸上设置灯光的只是为了观赏效果好，而并未考虑鱼生长的需要。但对于水草缸来说，除非室内有较强的散射光，按时开灯是水草光合作用所必需的。一般，每天应开灯8～12小时，开灯时间也要固定。时间太短，水草光照不足，时间太长，容易滋生藻类。

小贴士

鱼缸摆放

最好把鱼缸放在有阳光照射1～2h的地方。这样可以利用阳光的紫外线杀菌，起到防病的作用。尽量做到预防为主，用药为辅。同时，由于光合作用，鱼体的颜色也比较鲜艳美观。

（四）观赏鸟的饲养

随着人们物质文化水平的不断提高，人们对那些羽色艳丽、姿态优美或鸣声悦耳的鸟产生了兴趣，于是便开始了以观赏和玩耍为目的的养鸟活动。

1. 家庭常见观赏鸟的种类

现今经过驯化的笼养观赏鸟已经达到100种以上，其中主要是雀形目的鸟类，该目的鸟一般体型小巧，善于鸣叫和飞舞，如百灵、画眉、八哥、云雀等。

2. 家养观赏鸟的日常护理

（1）养鸟的工具

①鸟架。鸟架是鸟笼的附属设备，是专门用来饲喂大、中型鹦鹉鸟及猛禽的。一些尾羽长的鸟，如鹦鹉、红嘴蓝鹊、寿带鸟等，笼养易损坏其美丽的长尾，有碍观赏，故用架养。从形状可分为直架、弯架和弓形架三种。

图4-8　鸟　架

②鸟笼。家庭饲养观赏鸟，首先需要准备笼养设备，这是能否养好鸟的关键之一。在鸟笼的选择上不但要考虑到笼鸟的自身特点以及是否方便日常管理，而且鸟笼与周围环境是否相配也是值得考虑的。鸟笼从形状来说，一般有圆形、方形，也有一些制作特殊的鸟笼；从制作材料上讲，又有金属笼、木笼之分。

小贴士

巧提鸟笼托条

一般要提高铁制鸟笼托条高度。市场所售铁制鸟笼大多底条与托盘高度过低，容易造成鸟羽污染，鸟易得肠炎，可人为将鸟笼底条提高5～6 cm。

（2）食具与水具

饲养玩赏鸣禽，除需有适宜的鸟笼外，还需要配置适宜各种不同习性鸣禽的食具和水具，一般玩赏者对鸟笼内设置的食水器皿，均力求精美，以炫耀其笼鸟珍稀的食缸和水具类型较多，一般是竹制粗笼配以粗瓷缸；精制漆笼配以成套的花样相同的精瓷食缸和水缸，每笼一套共 2～4 具；一般家庭中饲养玩赏鸣禽，多采用精制瓷缸，它不但美观，而且易清洗和消毒。在饲养的过程中，当观赏爪长度超过趾长的 2/3 时或爪已向后弯曲时，需要及时给鸟儿修理。同时要定期给鸟儿清洗，以保持观赏鸟的身体干净和身体健康。

小贴士

鸟笼水槽保洁法

清洗鸟笼水槽上绿色的黏物时，应先倒掉水，然后用纸巾沾上清水，贴在水槽内侧，撒上漂白剂，放置15～20 min，再用纸巾清洗水槽。洗后可保水槽6个星期不长黏物。

二、家庭植物养护

为了提高人们生活的质量，在室内配置植物之前一定要对其生理习性有一定的了解，只有这样，才能合理地配置植物，使生活环境既美观又清新。室内观赏植物的选择要根据各种植物本身的生态特性与室内光照、温度、湿度的强弱和大小来选择相应的种类，一方面要考虑植物在室内的功能和作用，另一方面要考虑植物对环境的要求，两者兼顾才可能使室内绿化有较好的效果。家庭女性了解家庭中植物养护的相关知识可使家庭环境得到很好的提升。

（一）家庭常见观赏植物的布置

1. 客厅的观赏性植物布置

客厅是接待宾客来访以及家庭聚会的地方。一般面积比较大，在设计搭配植物时要力求素朴、美观大方，不宜重复。色彩要明快，阴暗会影响客人情绪。宜选择较为高大的植物，不宜放置在客厅的中央地区，会对视线和日常生活的行动造成干扰。如果房间面积较小，不妨种植一些较低矮的植物，如仙人掌之类。目前，西方盛行在阳台上养云杉和其他低矮的针叶树，它们能让室内充满使人神清气爽的树香。许多适于室内种植的花草具有杀菌功能，如果房间里摆放一些盆栽柑橘、迷迭香、香桃木、吊兰等，空气中的细菌和微生物就会大大减少。

2. 卧室的观赏性植物布置

卧室是供人们晚上休息的场所。在布置花卉时一般采用中小型盆花或者吊盆。虽然用观赏性植物装饰居室好处很多，但是卧室的植物布置要有一定的讲究：色彩上，不宜放置颜色过于艳丽的植物，那样会使人难以入眠；夜间有些植物进行呼吸作用，呼出二氧化碳吸入氧气，与人争夺氧气，不利于身体健康。

3. 阳台的观赏性植物布置

一般住宅的阳台是向阳的，其采光、通风条件都非常好，非常适合常绿植物的生长，是家庭摆放植物比较理想的空间，适合摆放色彩鲜艳的花卉和观叶植物。但是要避免特别喜阴的植物品种，放置在阳台不宜于喜阴植物的生长。室内的其他植物也可以经常拿到阳台上晒晒太阳，吸收一下新鲜空气。所以，阳台已经成为家居生活中最主要的绿化园地了。

小贴士

室内盆栽花卉种植

当要种植室内盆栽时，一定要选择有良好排水孔的花盆，种植前确保已经将花盆清扫干净，必要时需要使用漂白剂擦拭并冲洗干净，晾干后再种植。

（二）家庭常见观叶花卉及养护

观叶花卉通常是指以叶片的形状、色泽和质地为主要观赏对象，并可在室内较长时间观赏或栽培的花卉植物。观叶花卉不仅有形状各异、有观赏价值的叶片，而且植株婀娜多姿，是很好的室内绿化材料。

1. 巴西木

巴西木是百合科常绿乔木。喜疏松、排水良好的土壤，用腐叶土或泥炭土盆栽。巴西木喜高温多湿气候。对光线适应性很强，稍遮阴或阳光下都能生长，但春、秋及冬季宜多受阳光，夏季则宜遮阴或放到室内通风良好处培养。

2. 龟背竹

龟背竹又名蓬莱蕉、电线兰、龟背芋，为天南星科龟背竹属植物。盆栽土要求肥沃疏松、吸水量大、保水性好的微酸性壤土，用腐叶土或泥炭土最好。

图 4 - 9　巴西木

图 4 - 10　龟背竹

（三）家庭常见观花花卉及养护

家庭养花不仅能达到美观的效果，选择好品种的花卉更有利于身体的健康。下面介绍几种主要的家庭常见花卉及其养护知识。

小贴士

浇　水

植物浇水的方法和浇水量取决于植物的种类，不管它们是喜干燥土壤的植物还是喜潮湿土壤的植物，遵循以下的原则：若室内空气偏潮湿，那么浇水量要适量减小；若室内空气干燥，那么浇水量就要适当加大一点点。气温高的时候多浇水，气温低的时候少浇水。有些植物，比如那些处于阴暗处的植物，和那些虽然放在室内但靠窗能照射到阳光的植物，在浇水量方面也是有区别的。

1. 红　掌

红掌又名安祖花、火鹤花，性喜温热多湿而又排水良好的环境，怕干旱和强光暴晒。其适宜生长昼温为26～32 ℃，夜温为21～32 ℃。

图4-11　红　掌

图4-12　君子兰

2. 君子兰

君子兰生长适温为15～25 ℃，低于5 ℃则停止生长。喜肥厚、排水性良好的土壤，忌干燥环境。美观大方，又耐阴，宜盆栽室内摆设，也是布置会场、装饰宾馆环境的理想盆花。还有净化空气的作用和药用价值。

小贴士

怎么养多肉植物

当今越来越多的家庭喜欢养殖多肉植物，多肉植物耐旱性比较强，大多数多肉植物对水分的要求并不高，养殖多肉植物时，可掌握土壤不干不浇，浇则浇透的原则，特别是阴雨天和冬季时最好及时减少浇水量，也不要将水撒在多肉植物叶片上避免其腐烂。多肉植物的种类有很多，平时即使不给多肉植物施肥，它们也可以在土壤里正常生长，不过在春秋两季时，可每隔20天给多肉植物施一次有机肥，能够促使多肉植物爆满盆，增加多肉植物的观赏价值。养殖多肉植物的过程中，其实也可以用分株、叶插等多种方法繁殖，最常见的就是分株繁殖，不仅成活率高，而且有利于多肉植物生长，可从健壮的植株基部摘取分株，伤口愈合后分别种植到土壤里即可。

第三节　家庭花艺

随着人们精神文明与物质生活水平的提高，不少家庭对插花的兴趣日益见浓，插花已经成为人们美化居室的主要手段之一。对于休闲雅致的家庭女性，利用插花装点居室，美化环境，能创造出别致的家庭氛围，让居室充满浪漫气息。因此，家庭花艺是一种很好的休闲娱乐方式。

一、花材选择

家庭插花不必选购奇花异草或高档花卉，宜选择经济实惠、时令性较强的常用花卉，这些花卉质量不错，价格便宜，可挑选性强，同样可以美化您的家居。如百合、玫瑰、康乃馨、马蹄莲、晚香玉等。下边介绍一些常见家庭花木的摆放。

1. 蝴蝶兰：花色艳丽，花形似翩翩起舞的蝴蝶，庄重、大方，花期长。适于摆放在厅堂、案头、客厅、前台等地。

2. 棕竹：清秀挺拔，置于书房、阅览室中，使您犹如置身林中仙境。幼小植株可制作丛林式盆景。

3. 花叶鹅掌柴：终年常绿，稀奇美观，是宾馆、会堂、客厅、走廊等处摆设的好树种。

二、花艺造型

一件好的插花作品，不仅使居室充满生命的活力，也给人们带来了好心情。插花是一门艺术，下面介绍一些常用的插花组合技巧。

1. 阶梯式：好似一阶一阶的楼梯，每一朵花之间有距离，但不一定等距离，只要有一阶一阶的感觉即可，以点状的花较适合，如玫瑰、康乃馨、菊花、郁金香等。可在底部呈阶梯状，也可挑高插成一组，每组至少要 2 朵以上组成，且盛开的置于最低部，较小含苞的插在上面。

2. 焦点式：焦点是花瓶或花篮中最突出的点，从正面或侧面看都极醒目。单面花形才有焦点，以形状特殊、色彩艳丽、花朵较大者为佳，如果花朵小则量须多，才能形成焦点。可用香水百合、姬百合、天堂鸟、鹤蕉、梦幻蕉、蝴蝶兰等，如图 4 - 13。

图 4 - 13　焦点式

三、插花技巧

一件好的插花作品应具有造型美、色彩美和意境美，要达到这一目标，主要通过立意取材和插花技巧等环节实现。插花犹如作画，必须“意在笔先”，即在插花前需要思考好作品的主题。若没有构思，把许多花枝随意插在一起，是插不出好的作品来的，虽然家庭插花主要用于点缀居室，对主题要求不高，但也应按一定构图原则进行插花。

（一）要选好花

选花时，应根据自己的性格爱好来选花，也可借花来表达自己的志向、情感，使人与花和谐、自然。全年可选用的花有菊花、月季、百合、香石竹等。季节性的花春有梅花、桃花、牡丹等，夏有杜鹃、石榴、晚香玉等，秋有桂花、木芙蓉、金莲花等，冬有蜡梅、山茶、水仙等。此外，还有南天竹、金橘、石榴等观果类和文竹、天门冬等观叶类。

（二）要讲究插花的造型

上轻下重：含苞在上，盛花在下；浅色在上，深色在下。

上散下聚：花朵枝叶，一般下茂上疏，千姿百态。

高低错落：花朵不要插在同一横线或直线上，位置要前后高低错开。

疏密有致：花和叶不要等距离安排，应有疏有密，富于节奏感。

图 4 - 14　花艺造型

仰俯呼应：要确立一个中心，周围的花朵枝叶围绕中心互相呼应。

小贴士

家庭插花——瓶花

瓶花，是使用花瓶作为器皿进行插花的一种常用方式。瓶花插花最为常见，方法也比较简单。一般口径比较小的花瓶，适合插一些草本花卉；口径较大一些的则适合插木本花卉。在瓶插的时候要注意花材的搭配。

（三）要把握插花的方法

1. 色彩搭配法。浓色的花朵应插低，淡色的花朵应插高，使花型有稳定感。

2. 自然式插法。就是突出植物的自然姿态，注意色彩协调，重心平稳。

3. 图案式插花法。一般用于盆景式插花。首先根据花枝、花朵、花色构图，然后再依图插花，以产生和谐的美感。

四、鲜花保鲜

从整株花木上剪下来的花枝，其水分生理和营养生理都受到人为的破坏，容易枯萎、凋谢。采取下列办法可以使插花保鲜。

（一）浸烫法

将花枝基部浸入沸水中，10 min 拿起，这样做可以梗塞切口防止花枝组织液汁外溢，对草本花卉有较好的效果。

（二）水中切取

将花枝先弯于水中再切离母体，或者将剪下的花枝放在水中再剪去一段，即将进入空气的末端剪去。

（三）扩大切口面

将花枝基部斜切，或者切开后嵌入小石粒，以扩大基部吸水面。玉兰、丁香、紫藤、绣球等花用此法效果好。

（四）水浸法

将开始枯萎的花枝剪去末端一小节，放到冷水中浸泡，只让花头露出水面，经 1～2h，便可复活回鲜。草本、木本花均适用此法。

五、花艺与环境

家居插花还要与环境协调，客厅、卧室、茶几、餐厅、卫生间等，都有不同讲究。下面就客厅插花简单举例。

（一）客厅长方形茶几

客厅是家居最大的空间，花艺的摆设与装修格调应一致，色彩宜以明快大方、自然典雅为主，同时要考虑与周围家具协调。茶几一般在沙发中间，电视机前面，所以要求作品高度要低。作品大小要考虑茶几的作用，不宜太大。由于茶几呈四面观向，层次上以水平型、半球型为主，如图 4－15。

图 4－15　客厅花艺布置

图 4－16　花艺摆放

（二）客厅沙发拐角处

如果拐角靠着墙，直接采用单面观作品。作品高度主要和台面大小成比例，侧面最好不要向外延伸太长，造型可以是倒“T”型或者是“L”型自由式插花，加入曲线、直线线条设计更显错落层次，如图4-16。

第四节　家庭安全管理

安全是家庭幸福的保障，家庭成员每天约有一半时间是在家中度过的，家庭的安全是孩子健康成长与家庭和谐的重要保证。那么，家庭女性掌握家庭安全的常规知识，预防家庭安全事故的发生显得尤为重要。

一、家庭生活与家庭安全

（一）家庭生活

每天起床、锻炼、用膳、家务劳动都有规定的时间，全家人都有规律地生活，这样可以使我们每个人都始终保持充沛的精力、良好的情绪。人们在过度疲劳、精神不振、情绪低落、思想不集中等情况下，容易发生意外事故。因此，有规律地生活是最为重要的。要建立家庭分工负责制度。家庭虽小，但也与一个单位一样，里里外外有许多事情要做，既需要分工负责，也需要相互帮助。

（二）家庭安全

幸福美满的家庭生活中，安全问题是至关重要的。因为它直接关系到我们的生活质量。其中包括家庭防火安全、用电安全、饮食安全、交通安全、旅行安全等。

二、家庭消防安全

（一）家庭火灾的主要原因

用火不慎（如使用炉火、灯火不小心，乱丢未熄灭的火柴头、烟蒂）；用火设备不良，如炉灶不符合防火要求，厨房布局不合理，使用液化石油气的灶通风不良，炉灶靠近易燃物等；液化石油气（或煤气）使用不当；家用电器安装和使用不当（如超负荷、短路，忘记及时切断电源等）。

（二）消除家庭火灾隐患，防范火灾发生

常说“十灾九大意”，只要大家认真防火，谨慎用火，火灾是可以避免的。火灾最大的隐患莫过于思想上的麻痹。因此，家中的大人小孩都要增强防火意识，学一些防火知识。

（三）安全使用液化石油气和煤气

幼小的孩子不要使用液化石油气和煤气。随着年龄的增加，可以让孩子帮助

爸爸妈妈做些力所能及的事情，例如烧水、做饭。在此之前要学会正确使用液化气和煤气。

1. 无论是管道煤气，还是罐装液化石油气，都必须“先点火后供气”。煤气使用后，要随手先关闭阀门，再闭合煤气灶上的开关。

2. 使用液化石油气或煤气烧饭或烧水时，要专心看守，切莫远离厨房，做其他事情。

3. 液化气瓶要远离火源（至少 1m 以上），直立使用，不能倒立卧放，不能用火烘烤，严禁私自倒掉残液和抽气倒灌。

（四）家里不慎起火或发生火灾时的处理

一旦发现家中起火，不要慌张，应根据火情及时采取相应措施。

1. 如果炒菜时油锅起火，迅速将锅盖紧紧盖上，这样就能将火与空气隔绝，使锅里的油火因缺氧而熄灭。切忌用水扑救。

2. 液化石油气因漏气起火时，首先应迅速切断气源，同时用灭火器或灭火粉将火扑灭。

3. 家用电器着火，要立即拔下插头，或拉闸断电，然后用毛毯或棉被捂盖。切记在电源切断前不要用水扑救，因为水能导电，容易造成触电事故。

4. 若火势已大，必须立即报火警，火警电话号码为 119。拨通电话后，立即报告火灾地点、火势情况和自己姓名。

知识链接

烧烫伤事故的现场救护

1. 一般烧烫伤害的紧急救护。发生烫伤、烧伤时，应沉着冷静，若周围无其他人员时，应立即自救。首先把烧着或被沸液浸渍的衣服迅速脱下，若一时难以脱下时，应就地到水龙头下或水池（塘）边，用水浇或跳入水中，周围无水源时，应用手边的材料灭火，防止火势扩散。自救时切忌乱跑，也不要用手扑打火焰，以免引起面部、呼吸道和双手烧伤。

2. 小面积烧烫伤的应急处理。小面积烫伤约为人身表面积的 1%，深度为浅 2 度。

（1）立即将伤肢用自来水冲淋或浸泡在冷水中，以降低温度减轻疼痛与肿胀，如果局部烧烫伤伤口处较脏或被污染时，可用肥皂水冲洗，但不可用力擦洗：如果眼睛被烧伤，应将面部浸入冷水中，并做睁眼、闭眼活动，浸泡时间至少在 10 min 以上。如果是身体躯干烧伤，无法用冷水浸泡时，可用湿毛巾冷敷患处。

（2）患处冷却后，用灭菌纱布或干净布覆盖包扎。视情况待其自愈或转送医院做进一步治疗。不要用紫药水、红药水、消炎粉等药物处理。

三、家庭安全用电

当通过人体的电流超过人能忍受的安全数值时，肺便停止呼吸，心肌失去收缩跳动的功能，导致心脏的心室颤动，“血泵”不起作用，全身血液循环停止。血液循环停止之后，引起胞组织缺氧，在10～15 s内，人便失去知觉，再过几分钟，人的神经细胞开始麻痹，继而死亡。因此家庭女性了解家庭安全用电知识很有必要。

1. 常见的触电原因

发生触电的原因很多，在普通家庭里，主要有以下两种：

(1) 缺乏安全用电知识。由于不知道哪些地方带电，什么东西能传电，误用湿抹布泡或擦抹带电的家用电器，或随意摆弄灯头、开关、电线，一知半解玩弄电器等，因而造成触电。

(2) 用电设备安装不合格。如果电风扇、电饭煲、洗衣机、电冰箱等没有将金属外壳接地，一旦漏电，人碰触设备的外壳，就会发生触电。有的家庭因为材料不全，将就使用已经老化或破损的旧电线、旧开关，这种错误的做法很容易引起人身触电。

2. 用电中的安全问题

用电中的安全问题主要有两个方面，一是人身安全，二是财产安全。为了杜绝事故的发生，用电时要注意：

(1) 不站在地上去接触火线。站在绝缘体上，穿着绝缘鞋也不能让身体同时接触火线与零线。

(2) 要保护好电线、插头、插座、灯座及电器绝缘部分。要保持绝缘部分的干燥，不要用湿手去扳开关、插入或拔出插头。

3. 雷雨时怎样使用电器

(1) 关掉收音机、录像机、电视机等电器的开关，拔出电源插头，拔出电视机的天线插头或有线电视的信号电缆。最好将电缆移至房外。

(2) 暂时不用电话，如一定要通话，可用免提功能键，与话机保持距离，切忌直接使用话筒。

(3) 离开电线、灯头、有线广播喇叭1.5 m以上。

4. 漏电、触电事故的处理

发生触电事故，要立即切断电源。如电源开关太远。可以站在干木凳上用不导电的物体，如木棒、竹竿、塑料棒、衣服等将触电者与带电体分开。莫将带电体碰着自己和他人身体，避免触电现象再发生。触电者痉挛紧握电线时可以用干燥的带木柄的斧头或有绝缘柄的钢丝钳切断电线。发现有人触电，惊慌失措，直接用手去拉触电者，用剪刀剪电线，都是错误的，这样做会使救人者自己触电。

四、家庭防盗

家居防盗涉及居住小区环境及居住条件、人员防盗意识。一些犯罪嫌疑人往往乘居民思想麻痹，防范不严之机，溜门撬锁，盗窃居民家中的现金和高档生活用品，作为家庭中的重要成员，家庭女性有必要了解家庭防盗相关知识。

（一）杜绝生活中的几个“空当”

1. 意识上的“空当”

随着城市小区成片开发，人们的住房由原来的平房、院落迁入单元式的新村楼院后，团结和睦的“一家有事，四邻相帮”的邻里关系，逐渐被“出门一把锁，回家就关门”的“自我封闭”所代替。

2. 时空差的“空当”

犯罪嫌疑人常选择在人们上班、外出或傍晚散步时采取撞门、撬锁、掰窗等手段入室行窃。

（二）做好家庭住宅的防范工作

1. 邻居互相关照

有句俗话叫“远亲不如近邻”，邻居之间应经常串串门，交流感情，熟悉彼此之间的家庭成员和经常来往的亲友。

2. 门、窗、锁要牢固

居住在一二层楼的窗口，应装上防盗铁管，如果条件允许的话，对外的门应安装防盗门；搬进新居时，外门的锁具最好更新，以防有人事先配有钥匙，一旦丢失钥匙，最好还是更换锁具；不要轻易将钥匙借给他人。

3. 全天候监控，让家庭安全不留死角

如今随着智能化的发展，作为家庭安全防护的网络摄像机已走入了千家万户。手机视频监控报警系统是一套智能系统，该系统集成了手机监控与手机防盗报警两大系统，当有非法人员闯入防区时，系统主机会第一时间给指定用户拨打电话及发送短信或 Email，用户收到电话短信时可以第一时间用手机或者电脑查看监控区域的画面，消除了传统报警系统误报出警的顾虑。该系统集成了无线门磁、无线烟感等无线报警配件信息，有效地提高了监控系统民用化的特性。工作之余或出门在外时，家庭成员可以随时打开电脑或手机查看家中的实时影像，与家人面对面地沟通、了解家庭情况、远程照顾家属；当窃贼趁家中无人进行偷窃时，自动信号能及时传至小区监控中心，同时通过移动短消息、邮件或者电话的方式通知住户。这一切通过家用视频监控系统即可轻松实现。

小贴士

家庭防盗常识

1. 家中不要存放大量现金，一时用不着的钱款应存入银行，存折、信用卡不要与身份证、工作证、户口簿放在一起。

2. 股票、债券、金银首饰切忌放在抽屉、柜橱等引人注意容易翻到的地方。

3. 电视机、录像机、照相机等高档商品应将明显标志及出厂号码等详细登记备查。

4. 钥匙要随身携带，不要乱扔乱放，丢失钥匙要及时更换门锁。钥匙不应摆在明显处，防止外人乘机印模仿制。

5. 学龄前儿童不能带钥匙，更不能将钥匙挂在脖子上。

6. 离家前及晚上睡觉前要将门窗关好，上好保险锁。

思考与训练

1. 试述古典装饰风格的特点。

2. 案例：在这个个性突出的社会，书房已不再是木质家具与很多藏书的简单组合，书房的用途也不再只是阅读，也是办公场所的延伸。浅色调永远是现代书房的首选，灰色、米色的墙面和天花板给人以舒适安静之感。

请分析浅色调书房装饰应该选用何种材质的地板与之相呼应。

3. 请叙述女性在家庭装饰设计中有哪些优势。

4. 案例：一位名叫文文的 7 岁女孩，每天与“蝴蝶犬”同睡，仅 1 个月便有了小便时不适的感觉，医生检查发现其大腿根部淋巴结肿大，伴有压痛，查尿捕捉到真凶为衣原体。而衣原体的源头并非父母，正是那只宠物狗。

请分析在生活中如何保持宠物清洁卫生。

5. 客厅是家中功能最多的一个地方，朋友聚会、休闲小憩、观看电视等都在这里进行，是一个非常重要的活动空间。请分析在光线充足的客厅如何摆放绿色植物。

6. 案例：2004 年 2 月 14 日 7 时，济宁市任城区许庄镇一农产家发生火灾，造成老人重伤，两间住房和大部分财物被烧毁。火灾后公安消防机构派人赶到现场，进行火灾调查。通过现场勘查发现，西屋烧损严重，西屋除伤者床上的电热毯外，无其他电器和火源。经询问证实，老人开通电热毯后就睡觉，发现身下起火想离开时已来不及了。电热毯为一年前从小商品批发市场上购买，前几天就有烧煳的气味，但是老人没当回事，没想到今天会烧得这样惨。

请结合案例分析家庭怎样预防用电事故。

第五章　女性与家庭理财

学习目标

1. 了解选择家庭理财方式所考虑的因素、常见家庭投资工具的风险因素、中国家庭金融投资的风险因素以及网络购物的特点和常用网购平台的相关知识。

2. 理解家庭理财和女性理财的重要性、家庭常见投资理财工具的特点和家庭金融投资的风险因素。

3. 掌握家庭理财的思路和步骤、家庭理财规划的方法、家庭投资理财工具的使用办法和规避金融投资风险的方法。

4. 能够使用常见的家庭投资工具进行投资，并有效降低投资风险。

5. 了解互联网理财的途径、方法，熟悉各种互联网理财工具的特点，能够正确选用互联网理财工具实现财富增值。

第一节　家庭理财规划

随着我国居民家庭财富的积累，人们对于家庭理财的需求越来越旺盛。但是大部分家庭理财方式比较单一，基本以银行存款为主。近十几年来房价、物价不断攀升，通货膨胀加剧，人们普遍发现自身家庭收入和财富增值的速度跟不上物价上涨的速度，未来不可避免的退休养老问题、子女教育问题、物价上涨等一系列问题迫使人们要不断努力工作增加自身家庭收入，同时要想方设法增加非工资性收入，寻找一个科学合理的家庭理财方式，能够让家庭资产实现保值增值，跑赢物价上涨指数。家庭理财已经成为每个家庭必须面对与仔细思考的问题，是未来的发展趋势，因此，家庭女性有必要了解家庭理财的相关知识。

一、理财概述

“理”是谋划、安排、处理的意思。“财”是指资财、钱财、财产、财值、财务等。理财是指为实现一定目标所进行的谋划、安排、经营、管理资财活动的总称。理财具有以下三方面的含义：

1. 理财是一生的财富规划管理。理财不是解决燃眉之急的金钱问题，而是一生都要进行的财产管理。

2. 理财是现金流量管理。每个人的一生都在进行着现金流入和现金流出活动。

3. 理财是风险管理。由于每个人一生面临多种风险，诸如人身风险、财产风险、市场风险等，都会影响到现金流入（收入中断风险）或现金流出（费用激增风险）。

近年来，各大银行的储蓄利率不断降低，物价也随之上涨，储蓄已经无法保证老百姓个人资产的升值，甚至在一些地方已经出现了贬值的情况。普遍性理财成为人们优先选择的资产升值手段，逐步形成了多样化的家庭资产理财市场。家庭资产理财和个人投资项目类似，主要是通过银行、股票、债券、房地产、保险、基金、贵金属等业务类型来实现全家资产升值的一种投资方式。特别是随着近几年互联网技术的发展，金融投资衍生产品的出现使得人们进行家庭资产理财投资的选择更多。随着房地产调控、人民币汇率下行压力和金融产品监管等问题日益严峻，人们在享受改革开放带来的丰衣足食的同时，也对家庭投资“控风险、稳资产”有了更高的要求，以家庭为单位的资产配置多元化发展和保值增值业务是我国居民理财的主要形式。

二、家庭理财

家庭金融理财主要有三个趋势上的变化，分别是家庭可参与的金融理财项目逐渐固定，家庭财产管理者以及相关理财产品对风险进行高度控制，针对家庭理财需求需要设计更具个性化的金融理财产品。

（一）家庭理财的定义

简单地说，家庭理财就是管理好家庭的财富、提高财富效能的经济活动。家庭理财有效、合理地处理和运用钱财，让家庭的支出发挥最大的效用，以达到最大限度地满足日常生活需要的目的。

（二）家庭理财的作用

1. 合理安排收入和支出，使家庭生活稳定

家庭经济生活要稳定，除了有稳定的工资收入和其他合法的非工资性收入（股息、债券利息、房屋租金等）外，还要对资金收支进行合理安排和科学管理。资金的科学调度和合理安排能保证家庭经济生活的安全稳定。

2. 合理安排收入和支出，提高家庭生活水平和质量

家庭生活水平和质量的提高，依赖于物质生活水平（资金收入）的提高。一个家庭如果没有一定的资金收入，家庭生活就无法运转。有了一定的或更多的资金收入，如果管理不好，家庭生活水平和质量也不一定有较大的提高，其根本原

因就是家庭理财的方法和效益起着重要作用。

3. 合理安排收入和支出，使家庭生活防患于未然

家庭理财的功能和作用，不仅仅是为了把今天的生活安排好，还要把家庭将来的生存与发展规划好，使家庭生活规避各种风险，做到未雨绸缪，防患于未然。合理安排收入和支出，可以使家庭各个不同阶段的生活拥有保障，促进家庭的可持续发展。

（三）家庭理财的基本原理

家庭理财是根据收集家庭背景资料，了解家庭各个阶段的需求，设定理财目标，制定合理的理财解决方案。方案包括事业规划、居住规划、退休规划、教育规划、保险规划、遗产规划等，根据家庭需求配置投资、保险、信贷等理财产品，并决定收入预算和支出预算。

（四）家庭理财的步骤

家庭理财一般按照以下的步骤进行：

1. 家庭财产统计

家庭财产统计，主要是统计一些实物财产，如房产、家具、电器等，主要是为了更好地管理家庭财产，做到对自家的财产心中有数。

2. 家庭收入统计

收入包括每月的各种纯现金收入，如薪资净额、租金、其他收入等。一切不能带来现金或银行存款的潜在收益不要计算在内，而应该归入“家庭财产统计”项目，比如未来的养老保险金，只有在实际领取时才能列入收入。

3. 家庭支出统计

为了让理财变得轻松、简单，建议使用EXCEL表格进行记录。可以按照固定性支出（房租、按揭贷款、保险费等）、必需性支出（水、电、气、交通、通信等）、生活费支出（米、面、油、盐、水果等）、教育支出、医疗支出、其他各项支出等进行分类，坚持每天记录，每月汇总并与预算比较，多则为超支，少则为节约。

4. 制定生活支出预算

参考第一个月的支出明细表，来制定生活支出预算。建议尽可能地放宽一些支出，比如伙食费、营养费一定要放宽一些。理财的目的不是控制消费，不是为了吝啬，而是要让钱花得实在、花得明白、花得合理，所以在预算中可以单列一个“不确定支出”。

5. 理财和投资账户分设

每月收入到账时，立即将每月预算支出的现金单独存到一个活期储蓄账户，这个理财账户的资金绝对不能用来进行任何投资。

每月收入减去预算支出就等于可以用来进行投资的资金。用于投资的资金可以存入投资账户，投资账户可以分为以下几种：银行定期存款账户、银行国债账户、保险投资账户、证券投资账户（股票、基金、债券）等。

三、女性理财

在女性独撑半边天的时代，女性经济的独立已成为不争的事实。现实生活中，许多家庭都是由女人掌管财务大权。她们俨然成为家庭的“首席财务官”，她们的财商和财技也直接影响着家庭的生活质量。有业内专家称：“女性理财已成为一种趋势、一种潮流。”

（一）女性理财的特点

1. 重视储蓄

由于女性在家庭中所扮演的角色，她们深知家庭支出的多样性、复杂性和不确定性，这就决定了她们对于家庭理财的最基本的做法——注重平常储蓄积累。

2. 关注细节

由于女性性格的特点，她们在投资理财（比如存款、购买保险、国债、房产等）方面表现得如同家庭消费方面一样细心、精明。

3. 稳健投资

对于冒险的事情，绝大多数女性要比男性保守得多，尤其是不那么富裕的家庭女性，对于高收益、高风险的投资总是不那么容易进入（比如股票、外汇、期货等），她们更倾向于稳健型的投资项目。

4. 量入为出

从信用卡的透支消费中可以明显地看出，女性出现透支的情况比男性小，而长期透支或超期未归还欠款的则更少。在投资理财方面，女性量入为出的风格同样是一道共同的风景线。因此，与男性相比，女性在理财方面具有严谨、理智、稳健等优点，但这些优点有时候也会成为理财的误区。

（二）女性理财的误区

1. 理财就是省钱

理财是为了生活得更好，过度省钱和过度储蓄同样不可取。理财的另一个目标就是确保在自己的经济能力范围内，花同样的钱，过更高质量的生活，而不是为了未来而降低当下的生活质量。

2. 理财过度求稳

由于过度寻求资金的“安全性”，就忽略了“通货膨胀”这个无形的杀手，长期下来增值甚微，甚至连本金都严重缩水。

3. 感情用事与盲目跟风

有些女性对于银行理财产品、保险产品、股票等投资品种不甚了解，别人说什么热门、哪些品种好赚钱，就跟着投资什么，缺乏理智分析与取舍。

4. 盲目消费

在消费方面，有的女性面对花样百出的商品，要么根本管不住自己的钱包，花完钱就后悔；要么把自己的钱包管得太严，空羡慕别人。此外，有些女性对各种会员卡、打折卡可谓情有独钟，以为是在节省开支，其实很多都是盲目消费，有些商品买回家后束之高阁，严重积压，造成现金减少。

5. 缺乏理财规划

有些女性在投资和理财的长期规划上往往较弱，从她们的实际选择看，要么偏向于安全而没有收益的产品，要么投入大量的资金在一些风险性较高的投资品上。

四、选择家庭理财方式应考虑的因素

每个家庭都采取自己独特的方式管理和获得财富。家庭理财方式的个性纷呈深受家庭文化、家庭生活周期和家庭成员理财能力的影响。

（一）家庭文化

家庭理财方式是构成家庭生活方式的一部分，往往折射出一个家庭的价值观、伦理观念和生活习俗。家庭文化直接关系到一个家庭在经济生活方面发生变化时的适应与调解。

（二）家庭生活周期

家庭理财的目标和计划以及家庭理财方式，都应根据家庭生活周期不同阶段的特点进行合理规划。从开始独立承担责任起，人的生命周期大致可以分为五个时期，单身期、家庭与事业形成期、家庭与事业成长期、退休前期、退休期。每个时期都有不同的生活目标，也要采取不同的理财方式。

（三）个人因素

在选择适合自己的理财方式过程中，应从个人能力、职业及个人爱好等方面去考虑选择哪些理财方式。做出自己的理财计划前要认真衡量一下自己的心理承受能力和可供投资的资金数额。凡事求稳、不爱冒险或是心理承受能力较差，遇事容易烦心的人就不要选择风险性较高的投资项目，可以考虑储蓄、债券等风险性小的理财工具。生性喜欢冒险、家底较殷实的人，可以充分利用股票、期货、房地产等高风险、高收益的投资工具。同时，要充分利用职业和兴趣爱好。比如家庭成员的工作可以经常接触金融信息，那么她就比别人更具有投资股票、债券、房地产的优势；如果家庭成员有人从事高危行业，就要考虑多进行保险投资，以防万一。平时有收藏邮票、钱币等爱好的人，可以进行某一品种或类别的收藏投资。

五、制定家庭理财规划

（一）家庭理财规划制定的原则

1. 综合考虑整体规划原则

完整的理财规划方案，往往不是一个单一性的计划。它不但涉及如何满足个人或家庭现金、风险管理、投资、子女教育、税收、养老、财产传承等金额需求，还要考虑到这些需求的时间性。

2. 不同家庭类型策略不同原则

家庭可划分为青年家庭、中年家庭、老年家庭三种基本形态。各种不同类型的家庭有不同的财务收支状况、不同的风险承受能力、不同的理财目标。青年家庭风险承受能力较强，核心策略可以选取进攻型策略；中年家庭风险承受能力中等，可以采取攻守兼备型策略；老年家庭风险承受能力较低，可以选择防守型策略。

3. 风险管理优先于追求收益原则

理财规划要认清可能出现的风险，并且合理利用各种理财工具。首先控制好风险，在防范风险这一前提下再考虑收益最大化问题。

4. 消费、投资与收入相匹配原则

理财规划虽然是为了提升人们的生活质量和实现财务自由，但是它是一个长期的过程。在理财开始的阶段，家庭应该清楚地了解收入状况，并且制定一个明确的生活支出及投资计划。控制不当消费是进行理财的良好开端，避免没有必要的时间和金钱支出，用比较低的成本维持生活水准，是理财的必要内容。要使消费和投资规模与收入状况相匹配，用于消费和投资的支出安排要与个人的现金流状况相匹配。

5. 计算时间成本，早做规划原则

理财目标并不是依靠一次性的大笔投入才能实现，很小数目投资的积累，也会带来不少的财富，货币是有时间价值的，财富在时间和复利作用下的膨胀效应是惊人的，因此投资越早开始越好。

（二）制定家庭理财规划的步骤

家庭理财规划也就是通过企业理财和金融方法对家庭收入和支出进行合理、有效的处理、运用、计划和管理，发挥家庭财富最大效用，以最大限度满足日常生活需求，增强经济实力的规划和管理的活动。

1. 盘点家庭财务状况

（1）编制家庭资产清单。家庭资产是指一个家庭拥有或者控制的具有市场价值的物品。在进行个人理财时，应该先将家庭财产按其特有目的进行适当的分类，而不必详细地列出每一件物品。

（2）编制家庭负债清单。家庭负债包括所有家庭成员欠非家庭成员的所有债务。为了保证家庭债务能够及时支付，需要将家庭债务区别为当期必须支付的流动负债和将来必须支付的长期负债，以便于合理安排投资的流动性，避免当期的收入不足以支付当期到期的债务。

（3）了解家庭财务状况。了解家庭财务状况主要是通过家庭财务报表的编制来进行的，即通过家庭资产负债表和现金流量表的编制来完成。

家庭资产负债表。家庭资产负债表是反映家庭在某一时期财务状况的会计报表。它在优化家庭消费结构、帮助家庭资产快速增值、建立家庭信用评价体系等方面发挥着重大作用。

现金流量表。现金流量表是指概括家庭一个月内现金收入和支出的财务报表，又称现金收支表。现金流量表建议一般按自然月进行统计，当然你可以根据自己的具体情况定统计周期为周、季度，甚至是年。

2. 了解投资风险偏好

投资风险偏好是指家庭对于风险的态度。风险偏好是由很多因素决定的，如年龄、经验、财力、价值取向等。通常情况下，人们随着年龄的增大，往往会变得厌恶风险。不同的人由于家庭财力、学识、投资时机、个人投资取向等因素的不同，其投资风险承受能力也不同。同一个人也可能因不同时期、不同年龄阶段及其他因素的变化而表现出对投资风险承受能力的不同。

3. 设定家庭理财目标

设定和分析理财目标主要从两方面进行比较，一方面是家庭当前的财务状况，另一方面就是未来的财务预期，这样才能配置家庭理财目标。家庭的日常财务支出包括生活费、房地产投资、子女开支、退休养老和社会保险等，这些支出需求对应了不同的家庭理财投资规划目标。设定理财目标，就是要根据这些支出规划的变动趋势和持续时间来估算资金缺口，从而给出理财目标。

家庭理财目标分为：单一的具体理财目标、综合的阶段性理财目标（长、中、短期）、完备的终生理财目标。一个家庭理财目标必须具备三个特征：一是目标要具体量化，可衡量；二是目标要可行，可以达成；三是目标要有时间性，即要有实现目标的最后期限。理财目标越清晰，就越容易找到努力的方向和动力，从而使得目标的实现更加具有可操作性。在制定家庭理财目标时，要注意以下问题：

（1）区分必要目标和期望目标。必要目标是指在正常的生活水平下，必须要完成的计划或者满足的支出，如日常饮食消费、支付交通费用、购买或租赁自用住宅等；期望目标是指在保证正常的生活水平后，期望可以完成的计划或者满足的支出，如：旅行计划、送子女到国外读书、投资开店等。所有的家庭理财规划都必须在满足其必要目标所需的开支后，再将收入用于其期望目标。

（2）分清目标的先后顺序和主次关系。家庭应将所有目标按重要程度列出，并用时间加以区分，哪些是短期目标，哪些是长期目标，且在有关目标后表明预计实现的时间。

（3）短期、中期和长期目标要同时兼顾，不可厚此薄彼。家庭在对理财目标进行规划时，除了根据自身的需要对不同的目标有所侧重外，一定要注意各种目标的重要性和彼此之间的互补性。无论是长期目标还是短期目标，只有从目标的重要性出发，进行考虑，并通过家庭理财规划将各种目标结合起来，合理安排，才能从总体上提高家庭理财规划的质量。

4. 制定家庭理财规划

家庭理财规划包括以下内容：

(1) 现金管理与规划。现金规划是理财规划的核心部分。它的宗旨就是要按计划时间，满足个人或家庭对现金的需求金额。

(2) 消费支出与信用规划。消费支出规划主要是基于一定的财源，对个人的消费水平和消费结构进行规划，以达到适度消费、稳步提高生活质量的目标。

(3) 风险管理与保险规划。通过对个人经济状况和保障需求的分析，选择最适合的风险管理措施以规避风险。

(4) 养老规划。退休养老规划是为保证人在老年时期有一个自立、尊严、高品质的退休生活，而实施的规划方案。

(5) 教育规划。对大多数家庭而言，子女教育费用支出是最不容忽视且数额越来越大的一笔支出。教育规划可划分为个人教育规划和子女教育费用规划两种。因为子女受教育目标的不同，教育费用额度具有弹性，同时具有时间刚性。

(6) 投资规划。投资是实现资产增值的重要手段。投资规划是根据个人的财务目标、可用投资额和风险承受能力等实际情况来确定投资目标、制定合理的资产配置方案、构建投资组合的过程。

(7) 税务规划。纳税人在符合国家法律及税收法规的前提下，按照税收政策法规的导向，在纳税义务发生前，通过对纳税主体的经营、投资、理财等经济活动的事先筹划和安排，充分利用税法提供的优惠和差别待遇，以减轻税负，达到整体税后利润最大化的过程。

(8) 财产分配及遗产规划。为了将资产在家庭成员之间进行合理分配而制定的财务规划。财产传承是指当事人在其健在时通过选择遗产管理工具和制定遗产分配方案，将拥有或控制的各种资产或负债进行安排，确保在自己去世或丧失行为能力时能够实现家庭财产的代际相传或安全让渡等特定的目标。

第二节 常见家庭投资理财工具

根据投资收益和投资风险的大小，常见的家庭理财工具分为保守型理财工具、中庸型理财工具和积极型理财工具三种，家庭女性应该对常见的家庭投资理财工具有一定的了解。

一、保守型理财工具

保守型理财工具主要包括储蓄、债券、保险等。

(一) 储　蓄

图 5-1　储　蓄

银行储蓄是多年来大多数家庭首选的风险系数低、收益稳定的理财方式，当然储蓄的收益基本上也是最少的。我国银行目前已开办的人民币储蓄业务种类有活期、整存整取、零存整取、整存零取、存本取息、定活两便以及教育储蓄等。

储蓄具有以下几个特点：

1. 安全性

银行储蓄尽管收益相对较低，但只要是在正规银行办理储蓄业务，本金和利息的安全性将会得到充分保证，不会像股票、基金那样产生风险。

2. 快捷性

随着银行的广泛布点和自助银行的普及使用，银行取款快捷方便，万一需要的钱多，只要卡上有钱，在许可的消费场所可以刷卡消费，还可以提前透支。

3. 收益性

在银行储蓄收益率低的现实情况下，许多银行推出了与银行储蓄挂钩联系或是以储蓄种类设计的理财套餐，其收益高于普通储蓄。

4. 质押性

尽管定期储蓄提前支取可能损失利息，但是现在几乎所有银行都开办了定期储蓄质押贷款业务，以定期储蓄资金为质押解决临时性的资金融通需求，只要支付少量贷款利息即可不影响定期储蓄的利息。

目前，银行销售的理财产品主要分为三类：一是银行自己设计、销售的理财产品，由银行直接管理，保障性相对较高。二是银行购买的结构性理财产品，收益的波动性比较大。三是银行代理的理财产品，多为信托类产品，风险性比较高。因此，购买银行的理财产品，不意味着绝对安全，本金有亏损的风险。

(二) 债　券

债券是一种金融契约，是政府、金融机构、工商企业等机构直接向社会借债筹措资金时，向投资者发行，承诺按一定利率支付利息，并按约定条件偿还本金的债权债务凭证。债券票面上的基本要素有四个：债券的票面价值、债券的偿还期限、债券的利率、债券发行者名称。

目前，债券的分类如下：

1. 债券按发行主体不同，可划分为国债、地方政府债券、金融债券、企业债券、国际债券等。

2. 按偿还期限长短，可划分为短期债券（1 年以内）、中期债券（1—5 年）、长期债券（5 年以上）。

3. 按偿还与付息方式不同，可划分为定息债券、一次还本付息债券、贴现债券、浮动利率债券、累进利率债券、可转换债券。

4. 按担保性质不同，可划分为抵押债券、担保信托债券、保证债券、信用债券等。

债券具有以下几个特点：

1. 偿还性。债券有规定的偿还期限，债务人必须按期向债权人支付利息和偿还本金。

2. 流动性。债券持有人可按自己的需要和市场的实际变动状况，灵活地转让债券，以换取现金。

3. 安全性。债券持有人的收益相对固定，不随发行者经营收益的变动而变动，并且可按期收回本金。

4. 收益性。债券能为投资者带来一定的收入。

债券投资的收益率比储蓄的利息高。特别是一些企业债券，其风险虽然高于银行存款，但单笔股票、期货相对安全可靠，也具有较好的流动性，且利率固定、价格稳定，比较适合作为一种财富保障，是家庭常用的理财工具。

（三）保　险

保险是指投保人根据合同约定，向保险人支付保险费，保险人对于合同约定的可能发生的事故因其发生所造成的财产损失承担赔偿保险金责任，或者当被保险人死亡、伤残、疾病或者达到合同约定的年龄、期限时承担给付保险金责任的商业保险行为。

保险按实施方式分类，可分为强制保险和自愿保险；按照保险标的分类，可分为财产保险与人身保险；按承保方式分类，可分为原保险、再保险、共同保险和重复保险。

保险理财具有五大特点：

1. 安全性。保险是合同行为，客户的权益受法律及合同的双重保护。而且，保险合同不怕丢失、损毁、被盗。

2. 长期性。寿险保单期限短则 5 年、10 年，长则终身。保单利益常常涉及两代人。

3. 确定性。确定性是指保单未来收益可以明确地推算出来。例如：终身养老年金保险，如果合同约定自被保险人 60 岁开始每年领取 5 万元，那么，当被保险人生存到中国人平均年龄 71 岁时，可以领取 60 万元，如果生存到 84 岁，则累计领取 125 万元。

4. 强制性。这里所说的强制性不是指政府或保险公司强制人们参加保险，而是说保险对个人而言带有强制理财的色彩。保费年年交，而养老金或生存保险金只能在约定的若干年后领取，一般不能提前领取。

5. 融资性。对客户而言，保险的融资作用表现在两个方面。一是风险融资，当被保险人发生风险时，其本人或受益人可得到一笔保险金。二是直接融资（指保单质押借款功能）。许多保单都有质押借款承诺，只要保险有效期满两年以上，被保险人或投保人即可向保险公司申请借款，期限通常是半年，借款额是保单现金价值的70%左右。

除以上五个特点外，保险还有其他功能，例如合理避税、保费豁免、保障权益转换等。

二、中庸型理财工具

中庸型理财工具主要包括黄金、房地产、基金等。

（一）黄　金

黄金长久以来一直是一种投资工具，黄金投资是世界上税务负担最轻的投资项目。70年代黄金价格与美元脱钩以来，黄金价格逐渐市场化。由于黄金的特殊性，以及宏观经济、国际政治、投机活动和国际游资等因素，黄金价格变得更为复杂。在通货膨胀情况下，投资黄金主要为了财富保值；在经济不景气或社会动荡时期，投资黄金更突出保险性。从市场的角度，以上情况会导致对黄金的需求上升，金价上涨。

1. 黄金投资品种

黄金投资品种包括金条、金币、纸黄金、黄金管理账户、黄金凭证、黄金期货、黄金股票等。

2. 黄金投资的优点

（1）税收优势。黄金投资可以说是世界上所占税负最轻的投资项目。在我国，购买投资性金条、金币比购买黄金消费品，在税收方面要少增值税、特别消费税等税负。

（2）产权转移便利。黄金任何人都可以公开购得，没有任何类似已登记制度的阻碍。

（3）黄金是对抗通货膨胀及政治经济动荡的最理想武器。黄金会随通货膨胀而相应上涨，投资黄金是规避通货膨胀的最佳办法。此外，国际地缘政治局势动荡期间，黄金是人们财产最好的避险工具。

（4）黄金市场很难出现庄家。任何地区性股票市场都有可能被人为操纵，而黄金市场是全球性的投资市场，现实中还没有哪一个财团具有可以操纵金市的实力。

（5）无时间限制，可随时交易。从时间上看，伦敦、纽约、香港等全球黄金市场交易时间连成一体，构成了一个24 h无间断的投资交易系统，且实行T+0交易制度，客户当天可以反复交易。另外黄金市场不设停板和停市，不用担心在非常时期不能重复入市以平仓止损。

3. 影响黄金价格变化的因素

（1）供给因素。包括黄金存量、年供应量、金矿开采成本变化、生产国的国内形势变化以及各国黄金储备政策变动等。

（2）需求因素。包括黄金时机需求量的变化、保值的需求变化、投机性需求等。

（3）金融危机。金融危机出现后，其他理财产品全部暴跌，唯有黄金在高位震荡，人们纷纷去银行挤兑。

（4）其他因素。包括利率、美元走势、各国货币政策、国际贸易财政与外债赤字、国际形势动荡、股市行情、石油价格等。

4. 黄金投资的风险

（1）外盘投资风险。一些境外投资机构瞄准国内巨大的潜在市场以及投资者认知度较低的空隙，大力吸引资金进行外盘投资，使得大量的国内资金外流。

（2）操作风险控制。投资心理对投资者认知和操作过程有着重要的作用。在黄金投资过程中的“贪”“怕”“赌”心态都会带来巨大的资本损失。

（3）实金回购风险。实物黄金的价值在于财富储藏和资本保值。进行实物黄金投资似乎更让人觉得“手里有货，心里不慌”。而如果进行实物黄金投资，还需要根据金价的波动，通过黄金买卖来实现盈利。

除以上风险外，其他诸如政府行为、战争、自然灾难、各国经济、汇率波动等都会导致本金和收益损失，投资者更要调整好心态，在面对巨大利润的同时，也要防范巨大的风险。

（二）房地产

所谓房地产投资，是指资本所有者将其资本投入房地产业，以期在将来获取预期收益的一种经济活动。购房对于每个家庭来说都是一项十分重大的投资，直接影响着家庭的资产负债情况，购房时要理性地制定和执行购房规划。

1. 房地产投资的特点

（1）融资性强。房地产投资的一个优点就是易于利用债务形式进行筹资活动。例如采取抵押贷款，充分发挥其投资杠杆作用。在西方发达国家，一般情况下债务筹资可以达到房地产投资市场的80%以上，甚至更高。

（2）能降低因通货膨胀带来的投资风险。根据西方发达国家的多年经验和有关专家学者的研究，房地产之所以易于增值保值，主要是因为房地产价格具有与物价同步波动的趋势，从而使房地产成功地起到了抵御通货膨胀的作用。

（3）房地产是一种耐用消费品。一般情况下，房地产具有70年的产权期限，这种长期耐用性为投资盈利提供了广阔的时间机会。

2. 房地产投资的风险

（1）流动性风险。房地产是一种不动产，不像其他商品那样，可以轻松地脱手并迅速收回资金。如果急需变卖房地产，就不容易找到有需求的买家，所以，投资房地产的资金流动性较差，不易变现。

（2）利率风险。市场利率的变化会对房地产市场造成影响，可能会给投资者带来损失。在房地产预期年收益一定的情况下，市场利率越高，房地产投资价值越低，两者呈反比关系。利率变化对获取租金收益的房地产投资以及利用银行按揭贷款购房的影响尤为突出。

（3）税收风险。税收是引导房地产投资的一项重要经济手段，尤其是房产税等一系列调控政策的实施，将会进一步规范房地产市场，使房产价格回归理性。

（4）社会和政策性风险。任何国家的房地产都会受到社会经济发展趋势和国家相关政策的影响，如果经济繁荣，政策鼓励支持，则房地产价格看涨，相反则会看跌。我国也不例外，因此，对投资者来说，这些因素是应该充分考虑的。

（5）经济性风险。房地产商品不同于一般的商品，即使是外形、尺寸、年代、风格、建筑标准或任何方面都相同的建筑，只要建设位置不同，其价值就将有很大差异，所以投资者在投资房地产时，一定要注意不同位置上同一类房屋价格的差距，以免遭受损失。

房产对于一个家庭来说，既是消费品也是投资品，只是近年来更多家庭把其当成了投资品。2017 年的中国房地产通过一系列政策的调控，基本抑制住了价格增长过快的局面，2018 年政策也是继续收紧不放松，坚持“房子是用来住的，不是用来炒的”。目前，国家和地方政府相继出台了严格的调控政策，投机购房和大量炒房的局面将不会持续。

（三）基　金

证券投资基金是一种利益共享、风险共担的集合投资方式，即通过发行基金单位，集中投资者的零散资金，由基金托管人托管、基金管理人管理和运用，以获得投资收益和资本增值。

1. 基金的种类

根据不同标准可将投资基金划分为不同的种类。根据基金是否可增加或赎回及转让方式，可分为开放式基金和封闭式基金；根据组织形态的不同，可分为公司型投资基金和契约型投资基金；根据投资风险与收益的不同，可分为成长型投资基金、收入型投资基金和平衡型投资基金；根据投资对象的不同，可分为股票基金、债券基金、货币市场基金、期货基金、期权基金、指数基金和认股权证基金等。

2. 基金投资的优点

（1）集合理财，专业管理。基金将众多投资者的资金集中起来，委托基金管理人进行共同投资，表现出一种集合理财的特点。基金由基金管理人进行投资管理和运作。基金管理人一般拥有大量的专业投资研究人员和强大的信息网络，能够更好地对证券市场进行全方位的动态跟踪与分析。

（2）组合投资，分散风险。我国《证券投资基金法》规定，基金必须以组合投资的方式进行基金的投资运作，从而使“组合投资、分散风险”成为基金的一大特色。基金通常会购买几十种甚至上百种股票，投资者购买基金就相当于用很少的资金购买了一篮子股票，某些股票下跌造成的损失可以用其他股票上涨的盈利来弥补。

(3) 利益共享，风险共担。基金投资者是基金的所有者。基金投资人共担风险，共享收益。基金投资收益在扣除由基金承担的费用后的盈余全部归基金投资者所有，并依据各投资者所持有的基金份额比例进行分配。为基金提供服务的基金托管人、基金管理人只能按规定收取一定的托管费、管理费，并不参与基金收益的分配。

(4) 严格监管，信息透明。为切实保护投资者的利益，增强投资者对基金投资的信心，中国证监会对基金业实行比较严格的监管，对各种有损投资者利益的行为进行严厉的打击，并强制基金进行较为充分的信息披露。

(5) 独立托管，保障安全。基金管理人负责基金的投资操作，本身并不经手基金财产的保管。基金财产的保管由独立于基金管理人的基金托管人负责。这种相互制约、相互监督的制衡机制为投资者的利益提供了重要的保护。

3. 基金投资的风险

(1) 流动性风险。当基金面临巨额赎回或暂停赎回的极端情况，基金投资人可能无法以当日单位净值全额赎回，如选择延迟赎回则要承担后续赎回日单位基金资产净值下跌的风险。

(2) 投资者自身的风险。很多的投资者总是在寻找业绩最好的资产种类或基金。但是由于没有一项投资的业绩是保持不变的，往往投资者会在调整发生之前进行购买。随后，这些业绩追逐者在失望中出售其投资，但通常恰恰发生在业绩就要开始反弹之前。业绩追逐者希望通过对回报的密切关注为自己带来最佳的投资，但实际效果往往与其想要的结果相反。

(3) 基金的本质风险。开放式基金的投资风险包括股票投资风险和债券投资风险：股票投资风险主要取决于上市公司的经营风险、证券市场风险和经济周期波动风险等；债券投资风险主要指利率变动影响债券投资收益的风险和债券投资的信用风险。

(4) 机构运作风险。一是系统运作风险。基金管理人、基金托管人、注册登记机构或代销机构等当事人的运行系统出现问题时，给投资人带来损失的风险。二是管理风险。基金运作各方当事人的管理水平给投资人带来的风险。三是经营风险。基金运作各当事人因不能履行义务，发生经营不善、亏损或破产等给基金投资人带来的资产损失的风险。

三、积极型理财工具

积极型的理财工具主要包括股票、期货、外汇等。

(一) 股　票

股票是股份有限公司在筹集资本时公开发行的、用以证明投资者的股东身份和权益、并据此获得股息和红利的有价证券。股票投资是一个高风险高收益的投资项目，需要一定的专业知识和较好的风险承受能力。

1. 股票的分类

（1）根据股东的权利，股票可分为普通股和优先股。

普通股指的是在公司的经营管理和盈利及财产的分配上享有普通权利的股份，是构成公司资本的基础，是股票的一种基本形式，也是发行量最大、最为重要的股票。目前在上海和深圳证券交易所交易的股票都是普通股。

普通股按照股票有无记名，分为记名股和不记名股；按照股票是否表明金额，分为面值股票和无面值股票；根据投资主体，分为国有股、法人股和社会公众股；根据股票上市地点和所面对的投资者，分为A股（人民币普通股）、B股（人民币特种股票）、H股（国企股）、N股（纽约上市外资股）和S股。

优先股是股份公司发行的在分配红利和剩余财产时比普通股具有优先权的股份。优先股主要分为累计优先股和非累计优先股、参与优先股和非参与优先股、可转换优先股与不可转化优先股、可回收优先股与不可回收优先股。

（2）根据股票业绩的表现，可分为蓝筹股、绩优股和垃圾股。蓝筹股是指那些在所属行业内占有重要支配性地位、业绩优良、成交活跃、红利优厚的大公司股票。蓝筹股可以分为一线、二线、绩优、大盘蓝筹股及蓝筹股基金。绩优股是业绩优良且比较稳定的公司的股票。垃圾股就是业绩较差、问题多的股票。一般是指评级为非投资级的股票，每股收益在0．10元以下的个股。

（3）根据股票交易价格的高低，分为一线股（价格较高）、二线股（价格中等）和三线股（价格低廉）。

2. 股票的投资收益

股票的投资收益来源包括股息和红利、作为股东的资产增值、股票的差价利润、优先认购新股的权证价值。

3. 股票投资的风险

股票投资风险一般分为系统风险和非系统风险。其中系统风险主要包括利率风险、汇率风险、购买力风险、市场风险和宏观经济风险；非系统风险一般包括经营风险、筹资风险、流动性风险和操作风险。

股票投资的关键就在于选择股票，应选择有发展潜力和盈利潜力的企业股票。优秀企业就是业务明细易懂、业绩持续优异，由能力非凡且为股东着想的管理者来经营的大公司。选择股票要从企业经营者的素质、企业产品周期和新产品开发情况、企业财务报表等重要因素入手，以企业盈利能力和成长潜力为着眼点，进行分析比较，最后做出较为科学的判断。

（二）期　货

期货，一般指期货合约，是由期货交易所统一制定的、规定在将来某一特定的时间和地点交割一定数量标的物的标准化合约。这个标的物，又叫基础资产，可以是某种商品，如铜或原油；也可以是某种金融资产，如外汇或债券；还可以是某个金融指标，如三个月期银行同业拆借利率或股票指数。

1. 期货交易的特点

（1）合约标准化。期货交易具有标准化和简单化的特征。期货交易通过买卖期货合约进行，而期货合约是标准化的合约。这种标准化是指进行期货交易的商品的品级、数量、质量等都是预先规定好的，只有价格是变动的。

（2）场所固定化。期货交易具有组织化和规范化的特征。期货交易是在依法建立的期货交易所内进行的，一般不允许进行场外交易，因此期货交易是高度组织化的。

（3）结算统一化。期货交易具有付款方向一致性的特征。期货交易是由结算所专门进行结算的。所有在交易所内达成的交易，必须送到结算所进行结算，经结算处理后才算最后达成，才成为合法交易。

（4）交割定点化。实物交割只占一定比例，多以对冲了结。期货交易的“对冲”机制免除了交易者必须进行实物交割的责任。期货交割必须在指定的交割仓库进行。

（5）交易经纪化。期货交易具有集中性和高效性的特征。期货交易由场内经纪人即出市代表代表所有买方和卖方在期货交易场内进行，交易者通过下达指令的方式进行交易，所有的交易指令最后都由场内出市代表负责执行。

（6）保证金制度化。期货交易具有高信用的特征。期货交易需要交纳一定的保证金。交易者在进入期货市场开始交易前，必须按照交易所的有关规定交纳一定的履约保证金，并应在交易过程中维持一个最低保证金水平，以便为所买卖的期货合约提供一种保证。

（7）商品特殊化。期货交易对期货商品具有选择性。期货商品具有特殊性。一般而言，商品是否能进行期货交易，取决于四个条件：一是商品是否具有价格风险即价格是否波动频繁；二是商品的拥有者和需求者是否渴求避险保护；三是商品是否耐贮藏并运输；四是商品的等级、规格、质量等是否比较容易划分。只有符合这些条件的商品，才有可能作为期货商品进行期货交易。

2. 期货交易的风险

（1）经纪委托风险。即客户在选择和期货经纪公司确立委托过程中产生的风险。客户在选择期货经纪公司时，应对期货经纪公司的规模、资信、经营状况等进行对比选择，确立最佳选择后与该公司签订《期货经纪委托合同》。

（2）流动性风险。即由于市场流动性差，期货交易难以迅速、及时、方便地成交所产生的风险。如建仓时，交易者难以在理想的时机和价位入市建仓，难以按预期构想操作，套期保值者不能建立最佳套期保值组合；平仓时则难以用对冲方式进行平仓，尤其是在期货价格呈连续单边走势，或临近交割情况下，市场流动性降低，交易者不能及时平仓而遭受惨重损失。

(3) 强行平仓风险。期货交易实行由期货交易所和期货经纪公司分级进行的每日结算制度。在结算环节，由于公司根据交易所提供的结算结果每天都要对交易者的盈亏状况进行结算，所以当期货价格波动较大、保证金不能在规定时间内补足的话，交易者可能面临强行平仓风险。

(4) 交割风险。期货合约都有期限，当合约到期时，所有未平仓合约都必须进行实物交割。因此，不准备进行交割的客户应在合约到期之前将持有的未平仓合约及时平仓，以免于承担交割责任。

(5) 市场风险。客户在期货交易中，最大的风险来源于市场价格的波动。这种价格波动给客户带来交易盈利或损失的风险。因为杠杆原理的作用，这个风险因为是放大了的，投资者应时刻注意防范。

3. 投资期货的基本策略

(1) “顺势是金，逆势者亡”的原则。在期货价格演变过程中，中级趋势是指导交易很好的工具。通常 40 天均线斜率一直朝上运行，则我们就认为是涨势，反之则为跌势。所谓的“顺势”就是要坚持从市场的实际出发，不要主观臆断，而应该严格凭作图结果行事。

(2) “一三原则”。期货交易利用的是保证金杠杆原理。“一”是潜在风险，“三”是潜在收益，换句话说就是以小博大。投资者要总结历史交易经验，特别注意预期价位的合理性。

(3) 程序化原则。要求投资者及时止损平仓，一旦价格跌破 40 日均线，应该无条件平仓，了结手中的仓位。

(三) 外　汇

外汇是外国货币或以外国货币表示的用以进行国际结算的支付手段。外汇有动态和静态两种含义。动态意义上的外汇，是指人们将一种货币兑换成另一种货币，清偿国际间债权债务关系的行为。这个意义上的外汇概念等同于国际结算。静态意义上的外汇又有广义和狭义之分。

广义的静态外汇是指一切用外币表示的资产。我国以及其他各国的外汇管理法令中一般沿用这一概念。

狭义的静态外汇是指以外币表示的可用于国际之间结算的支付手段。从这个意义上讲，只有存放在国外银行的外币资金，以及将对银行存款的索取权具体化了的外币票据才构成外汇，主要包括银行汇票、支票、银行存款等。

1. 外汇交易的特点

外汇交易可以发生在 OTC 市场，也可以在交易所进行，因此，外汇交易有两种类型：交易所交易和场外交易。

(1) 交易所交易的特点。一般，交易所交易实行会员制，须申请席位，并经批准后才能成为会员，进行交易，并且会员不能与场外交易者进行交易，如要从事交易，须经专门的经纪商。在交易大厅里，公开的喊价系统（Open Outcry

System）用喊叫和手势来完成交易。当今这些传统的交易方式正在逐步被电子交易系统所取代。

（2）场外交易市场的特点。第一，有市无场。外汇是通过没有统一交易场所的行商网络进行的，并且形成了一种松散的组织，市场是由大家认同的方式和先进的信息系统所联系的，交易商也不具有任何组织的会员资格，但必须获得同行业的信任和认可。第二，循环作业。由于全球各金融中心的地理位置不同，亚洲市场、欧洲市场、美洲市场因时间差的关系，连成了一个全天24h连续作业的全球外汇市场，只有星期六、星期日以及各国的重大节日，外汇市场才关闭。可以说外汇市场是一个没有时间障碍和空间障碍的市场。第三，零和游戏。零和游戏（Zero-sum Game），是博弈论的一个概念，意指在游戏双方中，一方得益必然意味着一方损失。第四，外汇市场有很强的投机性质。对某个具体的交易主体来说，其交易总是有亏有赢，不可能永远都是赢家。只是有的交易者知识丰富，信息灵活，富有经验，故盈利机会较多；而那些对外汇行市缺乏了解的人，则总是亏得多一些。

2. 外汇投资理财的风险

（1）结构风险。一些产品跨市场操作，比如和LIBOR（伦敦同业拆借利率）挂钩，或者是和黄金等商品价格挂钩。银行预先设定一个价格波动区间，当实际价格落在这个区间内，投资者可获得收益。而一般投资者并不熟悉这些市场的走势，盲目购买就可能要吃亏。还有些产品投资的是欧元这样的强势货币，但到期后却以其他货币归还本金，可能导致真正的投资收益缩水。

（2）赎回风险。对于我国市场上大部分外汇理财产品，银行都有可提前终止该理财产品的权利，而客户没有此项权利，这种情况下虽然银行给出的预期收益比较高，但是如果银行提前终止协议，投资人的实际收益可能达不到预期收益。

（3）信用风险。购买产品前一定要搞清楚五个问题：产品宣传的是预期收益还是固定收益；有无保底收益；注意比较累计收益率与年收益率的区别；还要看到期是否还本，归还本金有无其他附加条件；投资收益由谁负责。

（4）汇率挂钩风险。市场上还有一些与汇率挂钩以及带有选择权收益的外汇理财产品。这些产品对于客户来讲，虽然有较大的收益，但是如果判断不好汇率的波动方向，不仅使自己的收益下降，还会因汇率的波动使自己手中的货币贬值而损失。除此之外客户还可能承担存款货币贬值给自己带来的损失。

3. 外汇买卖法则

（1）买入法则。当市场被确认是上涨的时候，每一次回落的点都是买进的大好时机。

（2）卖出原则。当市场被确认是下跌的趋势时，每次上涨的时间段都应该果断出手卖出，趁反弹的机会平仓。

（3）警告法则。当行情没有被确认是上升时，即便出现下跌都不要买入，因为日后可能会跌得更惨；当行情没有被确认是下跌的趋势之前，任何上升的点都不要卖出，直到真正的下跌到来，或者就由它上升赚到头。

（4）坚持法则。坚持以空仓持币为主，看准时机再出手，一旦局势不明就立即退出，然后耐心等待下一次机会的到来。

（5）不允许法则。一旦在投资过程中发现了任何错误，都要坚决平仓，千万不要存在侥幸心理而盲目补仓；大盘破位的时候要空仓，决不允许在下跌趋势中做交易；不要在逆市中频繁买卖，要严格控制交易次数；坚持指标的卖出信号，不要有任何的犹豫。

四、家庭理财工具的投资组合

（一）家庭投资组合概述

投资组合（Portfolio）是指由投资人或金融机构所持有的股票、债券、衍生金融产品等组成的集合。投资组合的目的在于分散风险。基于风险分散的原理，需要将资金分散投资到不同的投资项目上。在具体的投资项目上，还需要就该项资产做多样化的分配，使投资比重恰到好处。

（二）家庭投资组合的种类

诺贝尔奖获得者、著名经济学家詹姆斯·托宾所说的“不要把你所有的鸡蛋都放在一个篮子里”，已成为众多老百姓日常理财的圭臬。对于现代女性来说，家庭投资要根据投资品种的风险、收益不同，合理选择投资渠道，进行科学的投资组合。

家庭投资组合的种类可分为不同类型的投资组合、同种资产类型的多样化投资组合、时间分散投资等。

1. 不同类型的投资组合

不同类型的投资组合是指通过将资金分散在具有不同投资收益和风险的投资类型中，从而降低整个投资组合的投资风险。如常见的投资方式有银行存款、债券、股票和基金等。

由于各种投资工具的风险和收益水平不同，流动性不同，投资者对收益的期望和对风险的承受力不同，投资组合的比例就有所不同。一般来说，风险喜好型的人，追逐较高的投资收益，其投资重点偏向于高风险、高收益的外汇、股票等投资工具；风险厌恶型的人则将大部分资金用于储蓄、债券等收益基本稳定、风险小的投资工具。

2. 同种资产类型的多样化投资组合

同种投资类型，由于性质不同，各种具体投资品种会面临不同的风险，这时可以在这些具体品种之间进行分散投资。比如，同样是股票，股票与股票之间的投资风险不同，因此，在股票投资时，可以将资金分配到不同的股票中。这样可以降低某一证券的非系统性风险所带来的收益不确定性。

此外，投资者还可以按照长期投资股票、中期投资股票和短期投资股票进行分散投资，也可以按照所投资的行业进行分散投资。

3. 时间分散投资

在长时间内，高风险项目所面临的风险要远远小于短期投资这些项目所面临的风险，因此可以将资金进行时间分散投资，即长期投资于高风险项目，将降低投资风险，提高投资收益，如长期投资房地产、股票等。家庭投资组合既要求较高的收益，又要保持一定的变现能力，以应对突然的现金需求，因此长、中、短期投资应该结合起来。

（三）几个重要的家庭理财组合模型推荐

品种的选择、风险的控制和比例的分配是制定有效理财组合的三大关键。家庭理财组合应是这三个方面的有机组合。由于年龄、家庭年收入、学历与居民的投资行为密切相关，我们提出针对不同年龄、不同家庭年收入以及不同学历居民家庭的理财目标的五种理财组合模式，供广大城镇居民家庭理财时参考。

1. 低风险稳定收益组合模式:储蓄+保险+债券

适合年龄在25岁以下，年收入在5万元以下，学历不高的居民家庭。此类居民家庭虽有很强的冒险精神，但是抵抗风险的经济能力有限，又要为将来成家立业打下良好的经济基础，积极进行原始积累并学习充实理财知识。理财目标为在保证本金安全的基础上获得平稳的资本利得。可将40%的资金投入银行存定期，主要用以应付未来的大笔支出，10%的资金购买人生意外保险，50%的资金购买国债或其他固定收益型债券。

2. 低风险收入型组合模式:储蓄+保险+债券+基金

适合年龄在26—45岁之间，年收入5万元以下，学历不高的居民家庭。此类居民家庭积蓄逐渐增加，对理财知识有了进一步的了解，又有承受一定风险的能力。理财目标为既注重固定收益又追求一定的资本增值。可将20%的资金放入银行，存定活两便用以子女教育费用或大宗物件支出，20%的资金用以购买医疗保险和子女教育金保险，30%的资金投入债券获取稳定的投资收益，30%投资高成长性基金，以追求资产的长期增值。

3. 积极增长型组合模式:储蓄+保险+股票+房地产

适合年龄在26—45岁之间，年收入在5—10万元之间，中等学历的居民投资者。此类居民家庭收入水平较高，又积累了一定的投资经验，比较了解收益和风险的关系，在追求高收益的同时能承受一定的风险。理财目标为分享市场的长期收益。可将20%的资金存入银行；10%的资金购买保险；40%的资金投入股市获取较高收益；30%的资金投资房地产。实现居住和投资双重功效。

4. 收入型组合模式:储蓄+保险+债券+股票

适合46岁以上，年收入在10万元以下，学历不高的居民投资者。此类居民家庭理财目标在保证本金安全的同时，保守地追求一定的资本增值。可将30%的资金放入银行，10%的资金用以购买医疗保险和养老保险，40%的资金投入债券获取稳定的投资收益，20%的资金投资股票，以追求资金的高收益。

5. 高风险收入增长型模式:储蓄+保险+股票+期货

适合26—35岁之间，年收入在10万元以上，具有高学历的居民投资者。此类居民家庭拥有雄厚的经济实力，积累了丰富的投资经验，不满足保值型产品提供的固定收益，通常涉及一些高风险的投资领域。此类居民家庭理财目标为追求资本收益的最大化。可将10%的资金放入银行以备日常生活开支，10%的资金用以购买家庭成员的意外事件险，40%的资金进行外汇炒卖，攫取大量的差价收益，40%的资金投入期货市场，进行投机获利。

五、家庭理财工具的对比与选择

根据前面所介绍的各类投资渠道的具体情况，我们分别从微观和宏观对各种理财产品进行对比分析，见表5-1、表5-2。

表5-1 不同理财产品的微观对比表

项目	外汇	期货	股票	房地产	银行存款	保险	现货黄金
投资金额	可多可少，以小博大，只需付1%～2.4%的保证金	可多可少，以小博大，只需5%～10%的保证金	可多可少，100%资金投入	资金庞大，需贷款，中间还需追加投入	可多可少100%资金投入	可多可少100%资金投入	可多可少，以小博大，只需付1%的保证金
投资期限，资金流动	周一至周五24 h交易，T+0即时成交	周一至周五4小时交易，T+0买卖	周一至周五4小时交易，T+1隔夜卖出	期限长	1～8年	20 h左右	周一至周五24 h交易，T+0即时成交
投资回报	上升、下降都有可能获取收益，投资最为稳定	行情受大户影响，趋势不易判断，收益不稳定	上升趋势时投资收益较高，下降趋势时普遍亏损	有较高的回报，但往往低于前两者	银行利率减少通胀损失，收益低	低于存款	上升、下降都有可能获取收益，投资最为稳定
交易手续	最为迅速，即时成交，不会出现不能成交的价格	迅速简便，一般在几分钟内完成	迅速简便，在增配股或分红时需办理买卖之外的手续	十分繁杂，没有统一规范，每一环节都需要办理相关手续	简单	简单	最为迅速，即时成交，不会出现不能成交的价格
费用	很少	很少	较多	较多			较低

续　表

项目	外汇	期货	股票	房地产	银行存款	保险	现货黄金
交易灵活性	多空均可全日交易，获利机会最多	多空均可限时交易，获利机会多	先买后卖单向获利	需到期满领回本金	求现需承领回酬金	求现不易，提前解约损失	多空均可全日交易，获利机会最多
技术分析	技术分析图形不因人为改变，最为可靠	技术图形可人为改变，真实性较差	技术图形可人为改变，真实性较差				技术分析图形不因人为改变，最为可靠
参与者	全球金融机构，国家政府机构，非金融投资者	符合交易所规定的国内投资者	符合交易所规定的国内投资者	大量资金拥有者和该领域中专家联合参与			全球金融机构，国家政府机构，非金融投资者
风险程度	风险控制措施最完善，有限价单、止损单保障交易	风险很高，市场不够成熟，风险控制措施不够完美	风险很高，如被套牢资金占用时间长，政策市场的风险高，不易防患	风险相当高，一旦投资方向有误，可能长期收不回投资，损失惨重	货币贬值时、通胀大幅上涨时有风险	以备不测之需，无报酬率	风险适中，控制措施最完善，有限价单、止损单保障交易

表 5-2　不同理财工具的宏观对比分析表

理财工具	收益	流动性	风险	保障性
储蓄	差	强	低	中
保险	差	差	低	中高
国债	中差	强	低	低
债券	低	差	低	中
房产	中偏高	较差	中偏低	较高
黄金	中	中	中	较高
基金	中偏高	较强	中	中
股票	较高	较强	中偏高	低
期货	高	较强	较高	低
外汇	高	较强	高	低

可见，理财产品各具特色，有的流通性很好，随时可以换成现金，有的流通性较差；有的安全性很高，有的安全性较差；收益高的，风险就大。因此，明智的理财思路是采用1+X的方式。“1”是熟练掌握一种理财工具，将它作为获得收益的最主要依靠，“X”是配合“1”使用的各种理财产品。

第三节 家庭理财风险控制

理财投资是有风险的，高回报的产品对应着高风险。任何过高投资回报率的项目都是值得怀疑的。投资学中有一个原理就是风险与收益成正比，风险越大，所带来的收益也就越高，所以，要全面综合考虑每一项投资的收益和风险，进行权衡比较，尽量选择风险小收益大的投资理财项目，选择那些具有较好成长性和增值性的项目，作为家庭中的重要成员，家庭女性有必要与其他家庭成员一起控制理财中的风险。

一、中国家庭金融投资的风险因素

家庭金融投资的风险可能有多种表现形式，如资本风险、价格风险、市场风险、利率和汇率风险等。在金融投资管理中，人们经常以这些风险的金融变量来区分和概括金融风险的类别。家庭金融投资的风险主要体现在以下几个方面：

1. 违约风险：是指债务人无法按时足额支付利息和偿还本金的风险。如一个发行股票或债券的企业发生破产倒闭或缺乏偿还能力，这样引发的风险就是违约风险。金融投资资本风险、固定利率债券的收益风险最主要地取决于发行者和承销者的经济金融状况可信用程度。

2. 利率风险：是指与利率变动相联系的金融投资风险。实质上，所有的金融投资活动及其收益都与现行的利率水平和未来利率变动趋势息息相关。金融商品价格风险的诱因在很大程度上就是利率风险。

3. 汇率风险：又称外汇风险，是指经济主体持有或运用外汇的经济活动中，因汇率变动而蒙受损失的可能性。随着金融市场的国际一体化和跨国经营的发展，不同币种间的汇率风险在金融风险中的地位变得越来越重要。

4. 市场风险：是金融投资活动中最普遍、最常见的风险。当投资者决定投入一些资金去获取某一时期的收益时，实际上是根据他们的期望收益做出的投资决策，并以此作为衡量投资效益的参照。但市场由买卖双方构成，这种供求关系及市场周期的转换和其他诸多因素的变化共同决定了市场的走向及其幅度，使其未必能如投资者的意愿发展。这种潜在的变化就是市场风险。当投资者的期望值与市场的实际值发生逆向偏差时，市场风险就演变成效益的下降乃至投资的损失。

5. 投资者个人风险：是指对于个人投资而言，由于不熟悉证券市场的基本运行规律盲目买卖股票而遭受的套牢风险或资产损失风险。

6. 专业理财机构运作风险：是指专业理财机构的投资运作给投资人带来的风险。例如基金管理人的管理能力决定基金的收益状况，商业银行理财机构运作水平直接影响投资者收益等。

二、增强理财风险意识

1. 要正确评估自身可承受的风险水平

投资者在进行理财前应主要从两个方面评估自身可承受风险的水平：风险承受能力，投资者可以从年龄、就业状况、收入水平及稳定性、家庭负担、置产状况、投资经验和知识等估算出自身风险承受能力。

2. 构建家庭资产的合理组合

就一般家庭而言，应用不超过家庭收入的40%供房，30%用于家庭日常支出，20%用于流动性较强的金融资产如活期、定期储蓄、货币型基金等，10%用于购买各类保险及风险较高的理财品种。这种组合方式，既可保证家庭较高的收益，又可防范理财风险。

3. 长期投资是永远的法则

长期投资是很简单的投资法则，但真正能做到长期投资长期持有的人很少。风险补偿一定是在一个相对长的时间内才会体现出来的。在美国，做股票投资，投资 10 年，亏钱的概率只有 2%，98% 的机会是赚钱；投资 15 年，根本没有亏钱的概率。所以，理财是长期的行为，要以长期投资心态来对待理财产品。

三、家庭理财的风险管理

风险管理是理财策划过程中必不可少的组成内容，选择合适的个人风险管理方法，关键要做到对症下药和节约成本，然后进行风险处理。风险管理过程是一个动态的过程，其首要任务就是科学认识、确定和评估投资决策。

（一）预防风险

家庭理财风险的预防是指家庭投资者在投资之前，事先做好准备，以便防患于未然。一是制定一个符合实际的家庭收支计划。二是注重收集各种投资信息。三是审时度势，行情不明不要盲目做出投资决定。投资者要时刻关注经济金融形势，自己独立判断，不要盲目地“追涨杀跌跟风走”，不听信谣传，才不至于做大户逃走的牺牲品。

（二）规避风险

规避理财风险是指在经营过程中，投资人拒绝或退出有高风险的某种经营活动。一是避重就轻。投资者应对多种可供选择的投资理财工具进行权衡，注意变异系数显示的风险大小。二是扬长避短、趋利避害。投资理财不能有任何侥幸和赌博的心理，要量力而行，理性至上，不可盲目和一意孤行。三是资产结构短期化。降低资产平均期限或提高短期资产的比重，从而增强家庭资产的流动性，同时有利于利用敏感性来调节家庭资产的市场风险。

（三）分散风险

分散理财风险的主要目的是实现家庭资产结构的优化组合，降低理财风险。一是分散投资标的。当几种投资组成一个投资组合时，其组合的投资报酬是个别投资的加权平均，一部分风险因个别投资的涨跌作用而相互抵消。二是分散投资时机。

（四）控制风险

如果风险不可避免，可采取风险控制的方法。一是防范风险。将损失或伤害的形成因素加以消灭，使损失不致发生，如防火、防盗，存单加密，外汇买卖中的对冲，投资决策中的保本点分析等。二是抑制风险。缩小损失或伤害的程度、频率及范围，使其限于可以承受的范围内。如对投资金额、成交价格、成本费用设定界限，不得突破。

（五）转移风险

转移风险是指投资者通过某种合法的交易或手段，将风险尽可能地转移给专门承担风险的机构或个人。比如，购买财产保险、人身伤害保险等。

（六）风险补偿

所谓理财风险补偿，首先应该是投资者将风险列入投资理财获利计划和目标之中；其次是应该建立风险损失准备金；再次是投资者利用法律手段对造成风险损失的法律责任者提出索赔，挽回经济损失；最后是应该用积极的心态去面对问题、解决问题。

家庭理财风险的预防、规避、分散、控制、转移、补偿并没有明显的界限，共同的目的只有一个，那就是尽可能地避免、减少风险造成的投资理财损失。

第四节　互联网理财

一、互联网理财产品

现在，越来越多的人喜欢互联网理财，习惯于购买互联网理财产品，很少到线下银行网点购买理财产品。目前的互联网理财产品有余额宝、理财通、京东小金库、苏宁零钱宝、蚂蚁财富、朝朝盈、陆金所、天天基金等。本节介绍其中的几种互联网理财产品，以帮助家庭女性了解互联网理财产品。

（一）余额宝

余额宝是蚂蚁金服于 2013 年 6 月推出的余额增值服务和活期资金管理服务

产品。余额宝对接的是天弘基金旗下的余额宝货币基金，特点是操作简便、低门槛、零手续费、可随取随用。除理财功能外，余额宝还可直接用于购物、转账、缴费还款等消费支付，是移动互联网时代的现金管理工具，也是中国规模最大的货币基金。根据统计，余额宝当前的规模超过 1.5 万亿元。

余额宝的特点有以下几个方面：

1. 收益稳定。这款货币型基金的管理团队以安全稳定性作为首要追求目标，而非高收益。

2. 流动性强。余额宝的流动性仅次于活期存款，具有较强的流动性。余额宝的提现周期不是很长，一般 3 天左右的时间到账，容易转换。

3. 购买方便。余额宝是将基金公司的基金直销系统内置到支付宝网站中，用户将资金转入余额宝，实际上等于进行货币基金的购买。

4. 安全保障。余额宝为客户提高了交易安全性，如果客户妥善保管自己的账户和密码，其资金安全不会出问题。

5. 操作简单。余额宝的注册和投资流程简单快捷、易于操作。客户可以随时登录客户端进行收益的查询，方便理财。

（二）理财通

理财通是腾讯官方理财平台，是腾讯财付通与多家金融机构合作，为用户提供多样化理财服务的平台。理财通依靠微信庞大的用户群也积攒了很多资金，当前仅次于余额宝的规模。

2014 年 1 月，腾讯理财通正式上线，截至 2018 年 1 月底，理财通管理的资产累计已经超过人民币 3000 亿元。腾讯理财通从 2014 年在微信红包上线以来，一直定位于精选理财平台，携手传统金融机构在稳健理财产品的基础上，不断丰富产品结构，上线多元化理财产品，陆续推出了“工资理财”“梦想计划”“预约还信用卡”等生活化理财服务。

理财通的特点：

1. 选择多元化：基金公司/理财产品多种选择。理财通与多家基金公司合作，给用户更多元的选择。

2. 理财通平台金融产品主要有以下几类：货币基金、定期理财、指数基金、保险理财等。

（三）京东小金库

2014 年 3 月 28 日，京东互联网理财产品——小金库上线。小金库对接的分别是鹏华增值宝货币基金和嘉实活钱包货币基金。购买京东小金库相当于购买了货币基金。

京东小金库是基于京东账户体系的承载物——网银钱包推出的，其目的是整合京东用户的购物付款、资金管理、消费信贷和投资理财的需求。目前，京东小金库不仅有基金业务，还有信用卡业务、保险业务以及一些银行理财和个人贷款业务。截至 2018 年 4 月，京东小金库的七日年化收益率超过 4.6%，在互联网各理财产品的收益中处于中上游。

京东小金库的特点：

1. 收益按日结算，赚钱轻松快捷。

2. 资金使用方便，随时提现。

3. 安全有保障，京东数据隐私保障，小金库内资金由华泰保险公司全额承保，被盗 100%赔付。

（四）苏宁零钱宝

2014 年 1 月 15 日，苏宁零钱宝理财项目正式上线，它是苏宁易付宝为个人用户推出的、通过余额进行基金支付的服务。该理财产品首批精选了国内两家资产管理能力排名较前的公司——广发天天红货币基金和汇添富现金宝货币基金共同合作研发的理财项目。

苏宁零钱宝将基金公司的基金直销系统内置到易付宝中，把资金转入零钱宝，即向基金公司等机构购买了相应理财产品，为用户提供完成基金开户和购买等一站式服务。零钱宝内的资金能随时在苏宁易购用于购物、充话费、缴费、还信用卡和给他人转账。

苏宁零钱宝的特点：

1. 收益稳健：零钱宝有较为稳定的收益。

2. 随时使用：零钱宝内资金可随时取用，也可以转到易付宝账户或银行卡。

3. 安全有保障：它由银行对资金进行实时全程监管，确保资金安全；易付宝提供了全方位的安全保障体系。

4. 管理轻松：零钱宝精选国内实力顶尖的基金公司，资产管理能力更强，多支货币基金可自由选择，充分保障了用户权益。

（五）蚂蚁财富

蚂蚁财富是蚂蚁金服旗下的智慧理财平台，致力于让“理财更简单”，与支付宝、余额宝、招财宝等同为蚂蚁金服旗下的业务板块。用户可以使用一个账号，在蚂蚁财富平台上实现余额宝、招财宝、存金宝、基金等各类理财产品的交易。蚂蚁财富的门槛低、操作简单，同时用户可以获得财经资讯、市场行情、社区交流、智能理财顾问等服务，让理财实现“小确幸”。

1. 蚂蚁财富与蚂蚁金服的关系

蚂蚁财富是蚂蚁金服旗下的一站式理财服务平台。蚂蚁财富基于互联网的思想和技术，开放平台给金融机构，并由金融机构向投资者提供金融产品及相应的金融服务。

2. 蚂蚁财富与支付宝的关系

蚂蚁财富和支付宝是蚂蚁金服旗下两大客户端。蚂蚁财富是一站式理财服务平台，支付宝是第三方支付平台。

3. 蚂蚁财富与余额宝的关系

蚂蚁财富和余额宝都是蚂蚁金服旗下品牌，余额宝是一项现金管理服务，除了通过余额宝获得货币基金收益外，还可以用余额宝投资定期产品、基金产品，不投资时资金转入余额宝享收益。

4. 蚂蚁财富与招财宝的关系

蚂蚁财富和招财宝都是蚂蚁金服旗下品牌，在蚂蚁财富上可享有招财宝服务。

二、网　店

1995 年中国建设的第一个商品订货系统和“中国黄页”将互联网应用于商务，标志着中国电子商务模式的开始。1999 年前后，阿里巴巴和当当等电子商务企业成立，2003 年淘宝网的创立，标志着电子商务以面向市场的特点进入了新的发展阶段。2008 年网上零售业务进入了爆发和大规模增长阶段，经过十年的发展，目前电子商务对中国经济社会产生了日益广泛而深刻的影响，也促进了新的商业文明的快速浮现。

在市值方面，截至 2018 年 12 月 31 日，国内电子商务上市公司总市值达 3.93 万亿元，占中国 A 股深沪两市 48.67 万亿元总市值的 8%。其中 B2B 电商总市值 751.7 亿元，零售电商总市值 32779.8 亿元，跨境电商总市值 406.1 亿元，生活服务电商总市值 5396.9 亿元。

（一）微店平台

1. 微店网（www.weidian.com）

微店网是由深圳市云商微店网络科技有限公司运营的、属于全球第一个云推广的电子商务平台。微店网继阿里巴巴、淘宝之后，颠覆了传统电商既要找货源又要自己推广的运营模式，创造了电子商务平台的新模式。微店网为商家提供了一个优质的网络营销渠道，在微店内就可以进行推广，为你节省推广宣传的费用。在微店网开微店无须资金、成本、货源，甚至不用自己处理售后。

2. 有赞（http://youzan.com/）

有赞目前旗下的产品有“有赞微商城”和“有赞微小店”。有赞帮助商家管理他们的客户，服务客户，并能通过各类营销手段产生交易获得订单。

该平台非常适合企业，它不仅可以帮你搭建一个互联网店铺，还可以帮助你管理平台上的粉丝。有赞让商家能够实现在不同移动端的营销和交易。

（二）开微店的运营流程

网上开店已经成为新时代的流行趋势，下面以在淘宝网上开店为例，介绍网上开店的流程：

1. 卖什么。选择商品最好是根据自己的兴趣、能力和条件以及商品属性、消费者的需求等综合考虑。

2. 准备什么。首先选择一个提供个人店铺平台的网站并注册，进行身份认证和支付方式认证。接下来进行寻找货源、进货和拍图、发布宝贝与宝贝命名等一系列后续准备工作。

3. 获取免费店铺。淘宝网为通过认证的会员提供了免费开店的机会，只要发布宝贝达到10个以上，就可以拥有一间属于自己的店铺和一个独立的网址了。

4. 店铺装修。为了能吸引顾客，需要对店铺进行相应的装修，主要包括店标设计、宝贝分类、推荐宝贝、店铺风格等。

5. 广告推广。通过论坛宣传、交换链接、橱窗推荐和好友宣传等方式给小店打广告，扩散商品信息，招揽顾客，聚拢人气；通过图片和商品描述，让买家对小店产生一定的信任感和认同感；通过制作各类档案，让老顾客享受一定的优惠，建立稳定客源群体。

6. 售后。在宝贝售出之后，主动联系买家，咨询商品使用情况。如果顾客对商品比较满意，还可以要求顾客给予适当的好评。

思考与训练

1. 作为一名现代女性，你如何制定家庭理财规划?

2. 请根据保守型、中庸型、积极性三类投资工具的特点，为工薪阶层的三口之家指出投资组合的试用模式，并进行投资分析。

3. 根据现代社会的发展现状，目前家庭消费的趋势体现在哪些方面?

4. 现代女性如何搞好家庭消费管理? 请利用网购平台，采取货比三家的方式，为同学或好友购买一件服装饰品或化妆品。

5. 请分析说明家庭金融投资风险控制的方法和途径。

第六章　女性与家庭健康

学习目标

1. 通过本章学习，学生需要了解健康、家庭健康相关的知识。

2. 理解不同年龄阶段家庭成员保健的意义；理解运动对家庭健康的重要作用。

3. 掌握家庭不同年龄阶段成员的保健知识。

4. 能够对家庭常见病以及慢性病的照护有清晰的认识和把握；能够运用中医特色疗法对家庭健康起到一定的作用；能够根据家庭的实际状况制定适合自己家庭的运动方式。

随着社会经济的发展，人们物质生活水平不断提高，对生活质量的要求也日趋上升，家庭成为人们休养生息、孕育与传递文化的摇篮。家庭是个人生活的场所，个人的价值观、生活习惯、卫生习惯的形成以及性格的形成，解决问题的方式等在很大程度上受家庭环境的影响。因此，个人健康与家庭健康密切相关。女性的感情丰沛、温柔细腻，这更有利于她们在家庭中扮演多重角色，为家庭每个成员营造一个温馨的物质环境和精神家园。女性在家庭中适时扮演家庭护士、心理医生、营养师等多种角色。因此，女性需要更加注重自己的内外兼修，注重学习。

第一节　对家庭健康的认识

一、家庭健康知识

（一）健康的定义

世界卫生组织 1948 年宪章中指出：健康不仅是指没有疾病或不虚弱，而且是指要有健全的身体、精神和社会适应性方面的完好状态。世界卫生组织提出的健康定义，综合了生物学、心理学和社会学关于健康的解释。从生物学角度理解，健康主要是指人的躯体器官功能和各项指标正常；从心理学、精神学角度观察，健康主要是指人们有自我控制能力，能够正确对待外界影响，内心处于平衡状态；从社会学角度衡量，健康主要涉及个体的社会适应性、工作习惯、人际关系以及应付各种突发事件的能力等方面。

健康必须是身体强壮和精神充满活力的一种状态。在身体方面，健康意味着一个人能够享受精力充沛的生活，有能力追求美满的生活和探索环境；在精神方面，一个健康的人能充分享受情感的实现和自尊；在社会方面，健康意味着人们具有与其他人结成亲密关系的本领和适应社会生活的能力。

健康包含了生理健康、心理健康、社会健康和道德健康。①生理健康：一般指人体结构和生理机能正常。②心理健康：第一，指能充分享受情感的实现和自尊；第二，有充分的安全感，保持适度的焦虑；第三，对未来有明确的切合实际的生活目标，有理想和事业的追求。③社会健康：有良好的社会适应力，主要体现在亲密的社会关系上。④道德健康：不以损害他人利益来满足自己的需要，有辨别真伪、善恶、荣辱、美丑等是非观念，能按社会规范约束支配自己的行为，能为他人的幸福做贡献。

随着健康定义的动态变化，健康概念的内涵也日趋多元化，由一维的无病即健康深化为三维的社会、心理、身体的完美状态。最近又提出五维的健康内涵，即社会、心理、身体、智力、环境的全健康概念，开始重视亚健康。

根据这些概念，人们对健康进行分级：第一级健康，又称躯体健康，包括无饥寒，无病弱，能精力充沛地生活和劳动，满足基本的卫生要求，具有基本的预防和急救知识。第二级健康，又称身心健康，包括一定的职业和收入，能满足经济需求，在日常生活中能自由地生活，并享受较新的科技成果。第三级健康，又称主动健康，包括主动地追求健康的生活方式，调节自己的心理状态以缓解社会与工作的压力，并过着为社会做贡献的生活方式。

知识链接

衡量健康的十条标准

世界卫生组织根据健康的新概念提出了衡量健康的十条标准：①有充沛的精力，能从容不迫地负担日常生活和繁重的工作而不感到过分紧张和疲劳；②处事乐观，态度积极，乐于承担责任；③善于休息，睡眠好；④应变能力强，能适应外界环境中的多变；⑤能够抵御一般感冒和传染病；⑥体重适当，身体匀称，站立时头肩位置协调；⑦眼睛明亮，反应敏捷，眼睑不发炎；⑧牙齿清洁，无龋齿，不疼痛，牙龈颜色正常，无出血现象；⑨头发有光泽无头屑；⑩肌肉丰满，皮肤有弹性。

“人人为健康，健康为人人”是世界卫生组织的一项战略目标。健康是基本人权之一，是生产力，是经济和社会发展的基础，是人类发展的中心，这就要求每一个个人不仅要珍惜和不断促进自己的健康，还要对他人乃至全社会的健康承担责任和义务。

（二）健康家庭及其内涵

家庭不仅是影响个体健康的微环境，健康家庭也是人群和社区以及社会健康的基础。目前，还没有一个统一的健康家庭的定义，其原因是不同学科和学者从不同的角度去认识和理解健康家庭的概念。有的学者认为健康家庭是充满活力的家庭，有的学者认为健康家庭是指家庭存在的完整性，包括家庭生活的所有方面，如家庭的相互作用和家庭保健。护理专家 Friedman 认为健康家庭是指家庭运作有效，是家庭存在、变化、团结和个性化的动态平衡。Neumann 认为健康家庭是指家庭系统在生理、心理、社会文化、发展及精神方面的一种完好的、动态变化的稳定状态。总之，健康家庭不等于家庭成员没有疾病，而是一种复杂的、各方面健全的动态平衡状态。

Loveland-Cherry 在健康模式的基础上，提出了家庭健康的不同等级。临床模式认为家庭健康是家庭成员没有生理、社会心理性疾病，家庭没有功能失调或衰竭的表现。角色执行模式认为家庭健康是家庭有效地执行家庭功能和完成家庭发展任务。适应模式认为家庭健康是家庭有效地、灵活地与环境相互作用，完成家庭的发展，适应家庭的变化。幸福论模式认为家庭健康是家庭能持续地为家庭成员保持最佳的健康状况和发挥最大的健康潜能提供资源、指导和支持。这四个模式没有相互重叠，而是反映不同层次的家庭健康。充满活力的家庭与健康幸福论模式的定义一致，是高层次的家庭健康。

总之，健康家庭（Health Family）是指家庭中的每一个成员都能感受到家庭的凝聚力，能够提供足够的内部和外部资源维持家庭的动态平衡，且能够满足和承担个体的成长，维系个体面对生活中各种挑战的需要。

（三）女性在家庭健康中的作用

由于女性特有的生育功能、哺养能力和理家才能，她们在家庭生活中扮演着重要角色，并为此花费了大量的心血、更多的时间与精力。伴随着社会的进步和发展，女性也在不断寻求自己的发展，有越来越多的女性活跃在政治、经济、文化等各个领域。大多数女性在寻求与男性平等参加社会生产的同时，要在家庭中承担生儿育女、教养子女、操持家务等工作。显而易见，在家庭成员获得健康教育、健康保护和健康环境方面，女性发挥着重要作用。

女性在家庭中除了传播健康知识、保护家庭成员健康之外，还主动掌握着一定的与健康直接或间接相关的生活手段，如衣、食、住、行的安排等。由于女性特有的细心、耐心、毅力及在家庭中的特殊地位，女性在健康管理方面发挥着不可替代的作用。因此，女性需要掌握家庭不同年龄阶段的成员的保健知识、家庭常见的照护知识、家庭中常见的中医疗法以及家庭常见的运动知识，这些与家庭关系密切的因素对健康的影响是长期的、持久的、明显的，甚至是终身的。

二、家庭心理健康知识

（一）心理健康定义

1946年，第三届国际心理卫生大会对心理健康给出了定义：心理健康，是指在身体、智能以及情感上与他人的心理健康不相矛盾的范围内，将个人心境发展成最佳状态。具体表现为：身体、智力、情绪十分协调；适应环境，人际关系中彼此能谦让；有幸福感；在工作和职业中，能充分发挥自己的能力，过有效率的生活。

（二）家庭的心理功能

家庭除了具有生物的功能、养育的功能、生活的功能、社会的功能之外，还有一重要功能，就是满足家人的心理需要。这具体表现在：

1. 满足家庭成员归属与安全的需要

全家人要能建立起自己一家人的共同认识感，能感到一家人亲近相爱，每个人都有相属的安全感。平时能时时沟通交流，彼此交换各个成员所知所感的事情。

2. 提供家庭成员社会支持

家庭成员有高兴的事，能一起庆祝与分享。有伤心的事，能一起难过并去应对，家人能分享难过，获得亲人相属的稳定感。因为是自己人，家人能彼此相互关心。假如需要时，能不怕忠言逆耳，诚恳劝告。特别是遇到不愉快的事，或不高兴的事时，能向自己家人倾吐诉苦，并得到安慰、同情或鼓励。总之，一家人能凭“自己人”或“一家人”的关系与立场，供给外人所不能或不易供给的建议、帮助或关心。

3. 家庭成员相互取长补短

作为年长者，父母能凭其长年生活经验，给年轻者生活上的建议，而年轻人能以年轻者的立场，帮助年长者了解年轻人的观感，帮助年长者适应现代社会的变化。夫妻彼此能以男女不同的感觉与立场，相互取长补短。而兄弟姐妹也能以同胞的立场与关系，相互帮助。

三、家庭心理咨询与治疗

家庭心理咨询与治疗简称家庭治疗。家庭治疗是将患者的家庭视为一个患病整体而进行心理治疗的方法，属于人际方面的治疗，治疗中医师通过与家庭中主要相关成员的有计划的系统交流，从而使家庭的内部向着有利于患者的方向转化，以帮助患者减轻及消除症状。家庭治疗的核心是对家庭成员情感表达的评价以及对他们不良表达的认知和行为的矫正。

（一）家庭治疗

家庭治疗的基本点是不过分强调患者个体的内在心理特征问题，而是把治疗的重心放在全体家庭成员间的相互关系上，即将患者家庭视为一个特殊的群体，并认为任何成员的行为都受其他成员的影响，而家庭系统内相关及互为因果的连锁反应将最终可以导致各种各样的病态家庭模式，以及个体性的病态行为也常会为了迎合其他成员的心理需要而被保持下来。要改变患者的病态行为，不是单从对个体的治疗入手，而应以整个家庭系统为治疗对象，其最终目标是打破某种不适当的、使患者症状持续表现的动态失衡环路，从而建立正常的家庭系统，促使症状逐渐消失或是从根本上重建家庭结构系统，矫正成员间的交流及表达形式，从而提高解决问题、应付冲突或矛盾的能力。因此，家庭治疗所体现的是人本主义基础上的支持性原则。

（二）家庭治疗的基本原则

1. 要重视“感情性行为”，忽略“理由性行为”：即帮助家庭成员认识到问题的解决不应是靠说理或评价责任，而应认真调整情感表达，努力改善关系，随时把握利于解决问题的方向，但又不要急于求成。

2. 要关注“现在”，摒弃“过去”：即引导家人在评价既往挫折的经验教训基础上着眼解决所存在的现实问题。

3. 要强化“优点”，淡化“缺点”：即指导家庭成员间的换位评价，目的在于消除抱怨，促使相互关系的良性转化。

4. 只提供辅导，不包办代替：指的是治疗师应保持中立姿态，其作用只是指导、协助或建议，而绝不是为之做出任何决定。

（三）家庭疗法

家庭疗法（Family Therapy）是集体心理治疗中的一种形式，是以家庭为对象而施行的心理治疗方法。家庭疗法协调家庭各成员间的人际关系，通过交流、扮演角色、建立联盟、达到认同等方式，运用家庭各成员之间的个性、行为模式相互影响互为连锁的效应，改进家庭心理功能，促进家庭成员的心理健康。家庭疗法的主要理论观点是把家庭看成一个私人性的特殊“群体”，需从组织结构、沟通、扮演角色、联盟与关系等观念和看法出发，以了解此小群体，并且依据“系统论”的观点来分析此家庭系统内所发生的各种现象。基于此种观念，家庭疗法主张要改变病态的现象或行为，不能单从治疗个人成员着手，而应以整个家庭系统为其治疗对象。

家庭治疗的目标，在于协助一个家庭消除异常或病态的情况，以便能执行健全的家庭功能。所谓健全的家庭功能应有健全的“家庭结构”，适当的领导、组织与权威分配，没有散漫或独权的现象。成员间的角色清楚且适当，没有畸形的联盟关系。健康的家庭有良好的沟通，能维护交流功效。成员间有情感交流，相互提供感情上的支持，能团结一致对付困难，对内有共同的“家庭认同感”，对外有适当的“家庭界限”。一个健康的家庭在其生活中能有适当的家庭仪式与规矩，也有家人共同生活的重心与方向。家庭治疗的目的在于，通过了解家庭环境及家庭成员间的人际关系，让病人及其家庭成员之间展开讨论，找出矛盾的焦点，指导他们正确对待和处理，以建立一个良好的、利于病人康复的家庭环境。

知识链接

家庭治疗的适应证

家庭治疗的适应证有家庭危机、子女学习困难、子女行为障碍、婚姻危机、夫妻适应困难、性心理障碍、性变态等。从理论上来说，假如一个家庭在家庭结构、组织、沟通、情感表现、角色扮演、联盟关系或家庭认同等方面有非功能性的现象，并影响其家庭的心理状态，而且难以由家人自行改善或纠正时，宜由专业人员协助辅导，通过家庭治疗来改进其家庭心理功能。从临床的角度来说，假如我们发觉一家人常不和谐、父母教育子女有困难、兄弟姐妹难于相处、夫妻感情不佳，影响全家人的日常生活，也可考虑采用家庭治疗。假如一个家庭遭遇重大的挫折或困难，家里人不知如何应付与适应时，均可考虑进行家庭治疗。此外，家庭从一对夫妻结婚成家到生育子女、养育子女、子女长大并离开家，直到夫妻年老、丧偶、去世为止，要经历“家庭发展”的各个阶段。在各个阶段需面对特殊的心理课题，也会遭遇各种不同的心理问题。这也是需要通过家庭治疗来解决的。

家庭治疗的特点，在于将着眼点放在全家人身上，注重家人的相互往来、人际关系及家庭机能的执行情况。治疗的目的是使一个家庭成为心理机能健全的家庭，并不在于深入了解个人的心理状况，而是想办法矫正家庭关系，以改善家庭成员的心理与行为问题。因此家庭治疗应坚持：

（1）一切以“家庭”整体为重点；

（2）采用系统的观点与看法；

（3）以“人际关系”分析成员间的相互行为；

（4）以群体的观念了解全体家庭成员的行为。

其心理治疗与一般心理治疗有所不同，需要注意一些基本的治疗原则：①淡化“理由与道理”，注重“感情与行为”。②抛弃过去，关心现在。③忽视缺点，强调优点。④只提供协助、辅导，不代替做重大决定。

家庭是每个人心理发展的摇篮，也是日常生活的基地，对个体的心理与生活影响重大。当前，随着现代社会的发展，家庭内部也在发生变化，包括家庭结构、家庭关系，尤其是夫妻关系和亲子关系。因此，家庭关系深受不稳定因素的威胁，所以家庭治疗尤为必要。由于社会与文化环境不同，家庭与婚姻制度和性质也会有所不同。因此，在家庭治疗时，要考虑其主体文化所强调的人际关系与价值观念，以及社会所期待的家庭关系。

第二节　不同年龄阶段的家庭成员保健

家庭是社会最基本的单位，是人们的主要生活场所。家庭在预防疾病、增进健康方面起着重要作用。家庭保健的服务对象是所有的家庭成员，根据年龄可以将家庭成员分为婴幼儿阶段、儿童青少年阶段、中年阶段和老年阶段。因此从对婴儿的喂养、儿童的培养到对老人的关心照料等，都属于家庭保健的范围。家庭女性需要掌握不同年龄阶段的家庭成员保健知识，以保证家庭成员的健康。

一、家庭保健的主要作用

1. 家庭保健是提高家庭成员健康水平的重要手段

开展家庭保健，有利于促进家庭成员养成健康的生活方式、良好的卫生习惯、合理的饮食营养和健全的人格心理。

2. 家庭保健是促进家庭功能完善的有效途径

家庭保健能发挥家庭在卫生保健方面的功能，包括生活方式、疾病预防、医疗行为、疾病照顾等方面，保护和增进家庭及其成员的健康。

3. 家庭保健是落实卫生保健的基本措施

家庭保健在实现“人人健康”这一愿望和目标中，无论是初级卫生保健，还是开展社区卫生服务均占有重要地位，必须把卫生保健落实到家庭。

二、不同年龄阶段家庭成员的保健

（一）婴幼儿保健

婴幼儿的身体较为柔弱、敏感，生活中的各个方面都需要格外细心和小心，任何不良刺激和外部环境的突然变化，都能引起宝宝的反应。因此，科学的保健是保证婴幼儿身心健康的重要组成部分，家庭女性有必要掌握相关的知识。

1. 新生儿保健

从出生至满 28 天，为新生儿期。新生儿期保健的重点为：

（1）注意保暖。室温应保持在 22～24 ℃，湿度以 55%为宜，要随着气温高低调节室内温度及适宜的衣被。

（2）保持皮肤清洁。要勤洗澡，常换洗内衣，皮肤褶皱处洗后，用柔软布轻轻擦干，撒上少许滑石粉。尿布要软，吸水性要强，勤洗换，用温开水洗臀部，防止尿布疹。

（3）脐带保健。脐带未脱落前要保持纱布干燥，如沾湿应用消毒纱布更换。

（4）提倡母乳喂养，生后 30 min 即可让新生儿吸母亲乳头，以促进母乳分泌，提高母乳喂养率。并要求母婴同室，按需哺乳。

（5）筛查先天性代谢缺陷病，如苯丙酮尿症、先天性甲状腺功能减低症，可早期筛查、早期确诊并及时治疗，以预防症状出现以及严重后果发生。

知识链接

新生儿抚触

新生儿抚触，也叫新生儿触摸，是一种通过触摸新生儿的皮肤和机体，刺激皮肤感受器上传到中枢神经系统，促进新生儿身心健康发育的科学育婴新方法。研究结果显示，新生儿经过触摸后，体重平均增加10%左右，并降低患先天性贫血概率，促进其感官和神经发展，且越早触摸越好。对于1岁以上的幼儿，父母则可进行触摸游戏和肢体活动，还可加深亲子间感情。

2. 婴儿期保健

出生至不满1周岁为婴儿期。婴儿期的保健重点是：

（1）合理喂养。4—6个月以内的婴儿，应以母乳喂养为主，4—6个月以后可逐步添加辅食，可在两次喂奶之间给予蛋黄、米粉、鱼泥、肝泥的喂养，由少到多，有一种到多种，逐步添加，并注意观察婴儿的粪便以了解婴儿的肠胃对该食物是否适应。应从小培养孩子良好的饮食习惯，不挑食不偏食。

（2）定期健康检查，加强体格锻炼。婴儿出生后一年内定期健康检查（42天、4个月、6个月、12个月）共五次，可及时发现并纠正生长发育不良现象。每天坚持户外活动1—2 h，接受新鲜空气和阳光，以增强体质，提高对外界环境的适应能力。

（3）促进感知觉发展。通过父母的动作与语言交流，利用带声、色的玩具等，促进感觉的发育和功能完善，促进语言思维、认识理解能力以及动作的发育。加强进食、睡眠、排便及卫生习惯的培养。

（4）预防常见病。婴儿期最常见的疾病是呼吸道感染、腹泻、贫血、佝偻病等，这些疾病严重威胁婴儿健康，必须积极预防。加强婴儿被动操训练，多做户外活动，保持室内空气新鲜。在添加辅食过程中注意饮食卫生。

3. 幼儿期保健

1—3周岁为幼儿期。此时期的保健重点为：

（1）合理营养和膳食安排。食物要易消化，品种要多样化。防止偏食、挑食的坏习惯，既要防止孩子营养缺乏，又要防止营养过剩。膳食以每日4次进餐较好。一般一日热能分配大致是早餐25%，午餐35%，午点10%，晚餐30%。

（2）培养良好的生活习惯。大人应以身作则，如仪表整洁、态度和蔼、说话低声、动作轻柔等。对行为异常的孩子应以耐心、关怀、爱护、鼓励的态度进行教育，不能责骂及体罚，更不能在精神上施加压力。

（3）促进动作和语言的发育。幼儿期是运动、语言发育最快的时期，当孩子学习拿玩具和使用物品的各种动作时，要正确引导，不能急于求成，要尽量避免消极制止。当孩子学说话时常常用词不当，发音不准，家长应正面示范予以纠正。当孩子问“为什么”“怎么了”时，家长要认真、正确地回答孩子的问题，要爱护孩子的好奇心、求知欲。

图 6 - 1　我会自己吃饭

（4）预防意外事故。幼儿期的孩子具有好奇、好动的特点，但又缺乏生活经验，易发生各种意外事故，要积极采取保护性措施。不要让他们单独活动，应有大人陪护。热水瓶、剪刀等要放在儿童拿不到的地方，电源要装在儿童摸不到的地方。窗户要安装栏杆。药品要放在壁柜中锁好。

（二）儿童、青少年保健

在儿童和青少年时期应形成良好的生活习惯和健康的生活方式，这对他们的生活和健康至关重要。儿童和青少年期的健康是健康老年最重要的决定因素之一，从儿童、青少年期开始进行保健是预防成年期疾病的重要措施。儿童、青少年的保健主要包括以下方面：

1. 合理饮食

要做到合理、均衡的饮食，需要做到以下三点：首先要保证三大营养素的合理比例，即碳水化合物占总摄入物质的 60%～70%，蛋白质占 10%～15%，脂肪占 20%～25%。日常生活中多吃谷类、薯类和淀粉食品，其中含大量碳水化合物。要控制食糖及其制品的摄入量。脂肪摄入要以植物脂肪为主，减少动物脂肪的摄入。蛋白质的摄入中应有三分之一以上为优质蛋白（即动物蛋白和大豆蛋白）。其次，要摄入足够的维生素。再次，摄入的钙磷比例要适当。

2. 良好的生活习惯

（1）不吸烟。吸烟有害健康，香烟中含有致癌物——焦油，而且吸烟与吸毒一样具有依赖性和成瘾性。儿童及青少年要能够抵制诱惑，学会拒绝第一支烟。

（2）不酗酒。过量饮酒不仅威胁人的健康和生命，导致急性或慢性酒精中毒，而且还会导致交通事故、酗酒闹事和暴力事件，危害社会治安。儿童和青少年正处于发育阶段，饮酒会对身体的各个系统产生不利的影响，更容易使机体对酒精产生依赖作用而导致身心受损。因此，儿童及青少年一定不能酗酒。

（3）不吸毒。毒品是指处于非治疗目的而反复、连续使用能够产生依赖性和成瘾性的物质，如海洛因、大麻、冰毒、鸦片等。吸毒给个人、家庭、社会都会带来很大的危害。吸毒危害健康，可能导致放弃学习、变卖家产、妻离子散、家破人亡，还会使国民素质下降、国力受损等。另外，吸毒还易传染上艾滋病。

3. 加强体育锻炼

体育锻炼能够促进血液循环，增强骨骼的营养，使骨骼长得粗壮、坚固，使身体长高。加强体育锻炼还可以增强呼吸系统的功能，增强抵抗能力，促进食物的消化和吸收，促进血液循环，加强大脑的血液供应，使脑的功能得到增强，思维和记忆能力得到发展。

图 6-2 体育锻炼

4. 掌握青春期的卫生知识

(1) 女性青春期保健知识。①月经知识。一般来说，在气候炎热的条件下，营养状况良好、体质强壮的女孩子初潮早一些，反之，初潮会迟一些。只要不伴有身体其他异常，初潮早一些和晚一些都是正常的。初潮后，头几个月或头一两年，因为卵巢功能还不够成熟，所以月经周期往往不准。②月经失调。月经容易受各种因素的影响而发生月经失调。如考试前后压力大、生活环境改变，剧烈运动、情绪不稳定、受冻等，都会使月经失调。③束胸和勒腰影响健康。束胸使胸廓不能充分扩张，影响全身的氧气供应，乳房受压会影响乳腺发育。勒腰则使胃、肝、脾和大肠、小肠受到压迫，严重的会影响这些器官的发育和正常生理功能。

知识链接

女性青春期为什么会乳房胀痛？

不少青春期的少女，常有乳房胀痛现象，乳房部位还会发现有些硬硬的小疙瘩。这主要是由于少女在脑垂体和卵巢分泌的激素作用下，乳房逐渐发育。月经开始来潮，月经来潮前 15 天左右，卵巢排卵，雌性激素大量分泌。7 天后，孕激素分泌也增加，血液浓度也增高，激素作用于乳腺腺泡和导管，就会使女性感到乳房胀痛或出现小疙瘩。

青春期乳房胀痛现象属于正常的生理现象，经期过后，血液中雌性激素和孕激素的水平降低，乳房组织恢复到正常状态，胀痛和其他不适的感觉也随之消失。

（2）男性青春期保健知识。①遗精是正常生理现象。遗精是因生殖器受到刺激，造成中枢神经兴奋而引起的射精，只要不是频繁发生的，一般属于正常的生理现象。不要听信“一滴精，十滴血”“精液是元气，遗精伤元气”等没有科学依据的说法。②要正确对待手淫。手淫是一种动机明确的性行为习惯，医学研究证明手淫是无害的。但不能在性冲动的驱使下频繁手淫，这样会导致头晕、劳乏、萎靡不振和记忆力下降，影响学习和生活，有些男性会因手淫而沉溺在自责中，甚至对生活前途失去信心。③注意外生殖器卫生。特别要注意包皮是否过长，包皮过长需尽早做手术。要经常清洗外生殖器，特别要注意冠状沟的卫生，要把包皮翻过去清洗包皮垢，否则容易沉积尿垢，滋生繁衍细菌，最终会导致阴茎癌。④进行健康的异性交往。处于青春期的青少年除了性生理开始发育外，性心理也逐渐成熟。这一时期的青少年常会对异性产生兴趣，向往与异性交往，寻找书中所描述的爱与被爱的感觉，这些都是正常的心理现象。和异性作为普通朋友正常交往，可以使双方互相学习，取长补短。而以性行为为出发点与异性交往而是对对方的不尊重，也不尊重自己，会给双方带来危害。

（三）中年人保健

中年是人生顶峰时期，是获得成果的最佳时期，中年人是社会可信赖的中心力量，是单位的骨干，是家庭的支柱。他们在工作中挑着重担，事业上扛着大梁，家庭中上有父母要孝顺，下有子女要操心，还要处理纷繁复杂的人际关系，他们就像一根绷紧的弦，长期超负荷运作，使得有些人过早患病，有的甚至英年早逝，有的在工作岗位上猝死。因此，人到中年后，由于身体的多种功能逐渐衰退，保健尤为重要。中年人保健应注意以下几点：

1. 膳食要合理

中年人饮食要以清淡为主，多食蔬菜、水果，少食高脂、高糖、高盐的食物。中年期新陈代谢不如青少年时期旺盛，食得过多就会存积在体内，导致肥胖、高脂血糖、糖尿病等，但也不能食得过少，要保证充分的蛋白质摄入及微量元素、矿物质的摄入。

2. 工作适度，不要过分劳累

工作中不要给自己太大压力，合理安排工作，提高工作效率，要劳逸结合，合理用脑，不要让自己过分紧张和劳累，不要透支生命。保证睡眠时间及睡眠质量，让大脑得到及时的休息和调整。学会放松自己，以获得高质量的睡眠。

3. 不吸烟，少喝酒，生活要有规律

4. 定期做健康体检，发现疾病及早治疗

人到中年，器官逐渐衰老，身体机能逐渐退化，要定期检查身体，随时监测身体状况，避免处于亚健康状态，慎防猝死，预防功能衰竭和癌前病变。

5. 坚持体育锻炼

生命在于运动，中年人面对的压力较大，通过体育锻炼，可以增强体质，使

身心都得到调节和放松，让精力更加充沛，工作效率更高。

6. 保持健康的心态，注意调控情绪

进入中年期后，首先要清楚认识自己的身心情况，正确给自己定位，及时调整心态和情绪，正确处理与同事、领导之间的关系。同时要处理好夫妻之间、亲子之间的关系，避免婚姻危机，维持家庭和睦，家庭和睦是中年人健康的后盾。

总之，中年保健的核心是平衡，即劳逸平衡、动静平衡、膳食平衡、心理平衡。

（四）老年人保健

老年人是一组易患多种慢性病，多个器官同时受损，活动能力下降，生活难以自理，对社会服务、生活照料、医疗需求较多的人群。老年人主要生活在社区和家中，所以社区、家庭是老年保健实施最主要的场所，依托社区服务的家庭养护是老年保健的主要方式，搞好家庭保健是实现健康老龄化的重要组成部分，有利于老年人延年益寿、家庭幸福，还能减轻社会负担。

1. 保持机体的功能，延缓身心衰退

抗衰老最有效的方式是运动。老年人不可久卧，不可过逸、不动。适当运动对机体各个系统都有促进作用，是良好的抗衰老对策之一。

适合老年人锻炼的运动项目有：健身步行、健身跑、健身操、游泳、跳舞、骑车、登楼、爬山、小球类运动（如乒乓球、门球、网球、健身球）、民间体育运动（如气功、太极拳、剑术等）。

老年人应根据自身的身体状况、习惯、兴趣，结合所处环境、季节气候等选择合适的运动方式，掌握运动的强度和时间。老年人运动达标心率为：170－年龄。老年人的运动要循序渐进并持之以恒，同时要防止过度疲劳和外伤。在疾病恢复期的运动应在医护人员的指导下进行。应避免起床后马上进行剧烈运动。运动中若出现不适感，应立即终止运动，并根据自身情况调整运动计划。要选择舒适的着装，适宜的环境和场所。

2. 保持良好的睡眠

老年人因为新陈代谢减慢及体力活动减少，所需睡眠时间比中青年少，每天6h左右，但存在个体差异，有些老年人的睡眠时间不比成年人少，只是持续睡眠的时间较短而已，老年人白天小睡次数较多。老年人的睡眠易受个人习惯和环境因素的影响，如光线、噪音、情绪、疾病等，睡眠质量的变化直接影响到机体的状况，可能引起精神萎靡、食欲不振、疲乏无力、焦虑、烦躁等，因此，老年人有良好充足的睡眠十分重要。能促进睡眠的因素如下：

（1）生活规律，养成良好的睡眠习惯。按作息时间养成良好的生活习惯，到就寝时间便可以条件反射地自然进入睡眠状态。

（2）情绪安定，劳逸结合。老年人要避免喝浓茶、咖啡等兴奋性饮料，避免看刺激性的节目或故事。要有适当的体力活动以增进睡眠。

(3) 适宜的睡眠环境，合理的饮食时间。睡眠环境应安静、空气新鲜、温度及湿度适宜，光线要暗淡。床不宜太软，最好使用木板床，在其上铺上柔软并有适当厚度的褥子即可。枕头软硬适度，高度一般以 8—15 cm 为宜。老年人每天饮食的时间要合理，晚餐时间至少应在睡前 2 h 进行，晚餐要清淡少量。

(4) 诱导睡眠。睡前温水泡脚、头部按摩、清洁口腔等，使身心舒适，利于入睡。

3. 合理膳食与充足水分

中国营养学会 1997 年制定的《中国居民膳食指南》推荐给老年人的膳食原则是：食物要粗细搭配，易于消化，要积极参加适度体力活动，保持能量平衡。随着年龄的增加，人体各种器官的生理功能都会有不同程度的减退，尤其是消化和代谢功能，直接影响人体的营养状况，如牙齿脱落、消化液分泌减少、胃肠道蠕动缓慢，使机体对营养成分吸收利用下降。故老年人必须从膳食中获得足够的各种营养素，尤其是微量营养素。

老年人由于渴觉不敏感，常常是感到渴时已是处于轻度脱水状态。因此，一般情况下，应督促老年人每天饮水不少于 2 000 ml。

4. 创造良好的居家环境

老年人的居家环境应体现舒适和安全。

(1) 老年人居室采光要充分，整洁卫生，最好用朝南的房间，居室布置要简单合用，可结合老年人的兴趣与爱好，摆放花卉，创造有生气的居室氛围。

(2) 保持室内空气新鲜、通风良好，每日定时通风 2—3 次，每次 20—30 min。

(3) 适宜的温度和湿度。老年人的居室，一般温度夏季保持在 26—28 ℃，冬季 20—22 ℃，相对湿度保持在 50%左右。

(4) 居室安全。首先，老年人居家环境地面要平坦、防滑，经常保持干燥。其次，经常行走的道路要有足够的空间和无障碍物。再次，室内应设防护设备如拐杖、厕所及走廊等通道安装扶手等，老年人的厕所最好使用坐厕。最后减低环境噪音。

5. 注意心理保健，笑口常开

要让老年人认识到心理健康与身体健康的关系，维持良好的心态，保持与家人、朋友的联系与往来，尽量生活在熟悉的环境里，要常与人交谈，培养自己的爱好和情趣，让生活过得充实和有意义。俗话说，笑一笑，十年少。笑是一种对身体有益的特殊的运动，是全身多系统参与的综合运动，但不要过度，乐极会生悲。老年人要心胸开阔，情绪乐观。

第三节　居家生活照护

居家生活照护是以家庭为照顾单位，以家庭成员为照护对象，通过整体的、连续的、动态的护理使个体和家庭达到最佳状态。生命体征的观察、家庭药箱的利用、家庭常见病和慢性病的照护是家庭生活照护的重要内容，作为家庭的重要成员，家庭女性应积极了解相关的知识。

一、生命体征的观察

生命体征是体温、脉搏、呼吸、血压的总称，通过对生命体征的观察可以了解疾病的发生、发展和转归的情况，为诊断、治疗提供准确的依据。

（一）体温的测量

人的体温在安静状态下维持在36～37 ℃为正常，口腔温度37.4～38.4 ℃时称为低热，38～39 ℃称为中热，而在39～41 ℃时称为高热。

口腔测温：应先将体温表用75%酒精消毒，再将表内的水银柱甩至35 ℃以下，然后把口表置于患者的舌下，切忌用牙咬，闭口3 min后取出。三岁以下禁用水银口温计。

直肠测温：先将体温表用75%酒精涂搽消毒，然后在盛有水银的球端涂上凡士林或其他润滑剂，让患者屈膝侧卧或俯卧，露出肛门，将表轻轻插入肛门约3至4 cm，3 min后取出，将体温表擦拭干净。

腋下测温：先擦干腋窝下汗液，将体温计水银端放腋窝深处，紧贴皮肤，屈臂过胸，夹紧体温计10 min后取出观察度数。这种方法比较安全、方便，特别适合儿童、老人以及病情较重的患者。建议在家中测体温用此法。

测量体温时的注意事项：

1. 在测量前要检查体温计有无破损，甩表时不能触及硬物，否则容易破碎。

2. 如有进食、喝水、运动出汗等情况，须休息30 min才能测体温，以免造成测量结果偏差。

3. 精神异常、昏迷、婴幼儿、口腔疾患、口鼻腔手术、呼吸困难、不能合作者不可采用口表测温，以免咬断体温表发生危险。

4. 直肠疾病或手术后、腹泻、心梗患者不宜从直肠测温，热水坐浴、灌肠后须待30 min后才进行直肠测温。

（二）脉搏的测量

被测量者取坐位或卧位，手臂放在舒适的位置，用食指、中指和无名指的指端按在动脉上，压力大小适中，以清楚为度，数一分钟脉率。正常成人安静状态下，男性60～65次/分，女性稍快，儿童约90次/分，刚出生婴儿140次/分。

脉律齐整。脉率大于100次/分称为心动过速，脉率小于60次/分称为心动过缓，要注意不能用拇指测量。

（三）血压的测量

成人血压正常值：收缩压90～140 mmHg，舒张压60～90 mmHg，脉压差30～40 mmHg。用分子式记录：收缩压/舒张压（90～140/60至90 mmHg）。一般右上臂血压比左上臂高10～20 mmHg。

采用电子血压计可以直接数字显示收缩压和舒张压，较方便。如今电子血压计各式各样，手表式、指环式血压计所测手腕部位血压，与水银血压计所测血压不容易比较，故自测血压的部位目前仍主张选择上臂肱动脉处测量。

注意事项：测量最好定时间、定部位、定体位、定血压计。在侧上臂测量。记录测量日期、时间、数值和活动情况。舒张压的变音与消失音有差异时，两者均应记录。

（四）呼吸的测量

正常健康人平静呼吸16～20次/分，新生儿约44次/分。

测量方法：被测量者在安静状态下，最好取卧位，测量者把手放要诊脉部位似数脉搏状，观察被测量者的胸部或腹部的起伏，一吸一呼为一次。当被测量者气息微弱不易观察时，可用少许棉花置于被测量者鼻孔前，观察棉花被吹动情况，记录一分钟的呼吸次数。如出现呼吸费力、唇周发绀、出冷汗时，说明情况严重，要及时送医院处理。

二、家庭药品的保管原则

1. 药箱应放在干燥、通风、阴凉处。
2. 药物应按内服药、外用药、大人药、儿童药、注射药分类放置。
3. 药瓶上应有明显的标签，标明剂量和用法，字迹清晰。

图6-3　家庭药箱

4. 定期检查药物。没有标签或标签模糊的，药物已过期、变色、浑浊、发霉、沉淀和异味的，均不可使用。

5. 根据药物性质分类保存。

(1) 易氧化和光变质的药物，应装在有色密封瓶中，如维生素 C、氨茶碱等。

(2) 因受潮而变性的药物，须密闭保存，如复方甘草片、酵母片、糖衣片等。

(3) 易挥发、风化的药物，须装瓶、盖紧，如碘酒、乙醇等。

(4) 容易被热破坏的药物，须放在冰箱内冷藏保存，如胰岛素针剂。易燃的药物应放在远离明火处，如乙醇。个人专用的特种药物，应单独存放。

三、家庭常见病照护

(一) 感　冒

感冒即上呼吸道感染，又简称上感，是由多种病毒引起的常见呼吸道传染病。诱因有受寒、淋雨、过度疲劳、营养不良等。感冒主要表现为打喷嚏、鼻塞、流鼻涕、咽干、咽痛、咳嗽、声音嘶哑等症状。全身表现有头痛、浑身酸痛、疲乏无力、食欲不振，或不发热，或低热，或高热、畏寒等症状。病程一般为 3～7 天。感冒发热患者需卧床休息，注意保暖，减少活动。室内要经常通风换气，保持一定温度和湿度。多饮开水，吃清淡和稀软的易消化食物。

(二) 腹　泻

腹泻是一种常见病症状，是指排便次数增加≥3 次/天，或排便性状改变或含未消化食物或脓血、黏液。腹泻常伴有排便急迫感、肛门不适、失禁等症状。腹泻分急性和慢性两类。急性腹泻发病急剧，病程在 2～3 周之内。慢性腹泻指病程在两个月以上或间歇期在 2～4 周内的复发性腹泻。

1. 及时就医

出现腹泻后，要及时到医院就诊，并留置粪便标本送医院化验检查，以查明腹泻原因。如果腹泻伴有发热、重度失水，应及时补充水分，住院进行治疗。

2. 腹泻病人应注意饮食的配合

总的原则是食用营养丰富、易消化、低油脂的食物。急性腹泻伴有呕吐的，如急性胃肠炎，应该禁食一天。病情较轻者可以吃流汁、半流汁食物，如米汤、稀饭、面条，逐渐过渡到正常饮食。

3. 保证肌体水分供应

病人在治疗期间要多喝水，最好是喝淡盐水、果汁，以防止由于腹泻出现脱水现象。如果病人由于腹泻出现了皮肤发皱、缺乏弹性、眼窝下陷等症状，要考虑送医院注射葡萄糖。

4. 加强休息

腹泻病人要注意卧床休息，以减少体力消耗和肠蠕动次数。另外要注意病人的腹保温，受凉会使病情加重。

5. 做好肛门护理

对腹泻频繁的病人要注意肛门护理，便后应先用吸水性强的软纸擦拭，再用热毛巾擦拭干净。如病人肛门发红，可涂少量软膏类抗生素。另外，要搞好家居卫生，管好病人的粪便，不吃不干净的瓜果、蔬菜和腐败变质的食物。注意个人卫生，饭前便后洗手，对病人用过的餐具、便器、卧具都应该消毒，以避免疾病的传播和流行。

（三）发 烧

家中有人发烧时，应马上为其测量体温，20 min后再测量一次。发烧会使体内水分蒸发、盐丢失，应及时补充水分。出汗较多时，可在水中加入盐和糖，防止体内盐和糖丢失。应让病人充分休息，减少体力的消耗。应保持安静，室内空气流通，温湿度适宜；饮食以清淡、易消化的流食为主，如果汁、米汤、豆浆、蛋奶等，少吃或不吃油腻食物。发热可先采用物理降温法，即冷敷法，如体温不降，应立即就医。

知识链接

物理降温法

用酒精擦浴高热病人的身体，并借酒精的挥发作用带走体表的热量而使体温降低，这种方法又称“物理降温法”。

操作要领：用酒精擦浴降温，在操作方式上以滚动按摩手法为好，即用一块小纱布蘸浸75%酒精，置于擦浴的部位，先用手指拖擦，然后用掌部做离心式环状滚动，边滚动边按摩，使皮肤毛细血管先收缩后扩张，在促进血循环的同时，使机体的代谢功能也相应加强，并借酒精的挥发作用带走体表的热量而使体温降低。

（四）咳 嗽

1. 小儿咳嗽的家庭照护

（1）上呼吸道感染时小儿的鼻腔黏膜已发炎，如再吸入干燥空气将会使鼻腔更为不适，并还会加重咳嗽。因此，要保持房间空气湿润，可以使用加湿器、挂湿毛巾、用水拖地板或在房间里放一盆清水等方法增加空气湿度。

（2）如果小儿是因异味空气而引起咳嗽的，房间里不要有人吸烟，也不要有其他异味气体，如厨房油烟等，这些都会加重咳嗽。房间里做卫生时不要让灰尘飞扬起来，可用湿抹布轻轻擦拭家具，以免引发咳嗽。

（3）为了避免小儿晚上睡眠时咳嗽，让其取侧卧位，最好将头部或上身用毛巾、枕头垫得稍高一些，以免呼吸道分泌物返流到气管引起咳嗽，影响睡眠，这样也可使小儿感到舒服些，缓解呼吸困难。

（4）当小儿咳嗽很厉害以致喘不过气来时，抱起来轻轻拍几下背部，或让小儿抬起上身坐起来，这样会使小儿感到舒适一些，减轻咳嗽症状。

知识链接

拍背排痰法

拍背排痰法通常在孩子咳痰咳不出时应急使用，可促使肺部及支气管内的痰液借助重力和震动向大气管方向流动，促进心脏和肺部的血液循环，有利于炎症消散。操作方法为：在孩子咳嗽的间歇期，如果孩子为坐位，则家长可用空掌于背部从下往上轻轻叩击；如果孩子为卧位，则家长拍左侧时使其向左侧卧，拍右侧时使其向右侧卧，两侧交替进行。在拍背的同时，边拍边鼓励孩子咳嗽，每次拍背时间为 5～10 min，每天拍 2～3 次，连续三四天就能见到效果。在拍背的过程中，家长还应注意观察孩子的脸色和呼吸变化，如有脸色发紫或呼吸不顺畅的现象，应稍作休息，等孩子呼吸平稳后再继续。

(5) 小儿咳嗽得很厉害时不宜玩耍得太疲劳，不然会加重咳嗽。而且，注意给小儿身体保暖，尤其是脚心和头顶部不要受凉，以免反射性地使呼吸道抵抗力更为下降。但是也不要让小儿身体过热，衣服被汗水浸湿后更容易引起咳嗽。

(6) 必要时马上带去看医生。当小儿咳嗽继续加重，总是不见减轻，特别是出现呼吸困难，口唇颜色不好时，应该马上带去看医生，以免耽搁治疗时机。

2. 成人咳嗽的家庭照护

如果咳嗽为慢性症状，应以饮食护理为主。

(1) 补充营养与水分。要保证足够的水分摄入，选择高蛋白、高营养、清淡易消化的流食、半流食。多饮水，每日饮水量保持在 6～8 杯（1 500 ml 以上）以补充体内营养消耗、水分的丢失，加快毒素的排泄，利于排痰和退热。

(2) 补充高维生素饮食，特别是含维生素 C、A、E 类果蔬食品能促进修复损伤的呼吸道黏膜，促进肺部炎症的吸收，提高免疫力。多食含钙高的食物：骨头汤、鱼、豆腐、芝麻酱、奶类等，能提高气管的抗过敏能力。

四、家庭慢性病照护

(一) 糖尿病

糖尿病是一种常见的内分泌代谢疾病。基本病理生理改变是由于胰岛素绝对或相对不足而引起的糖、脂肪、蛋白质和维生素、水、电解质代谢紊乱。临床表现，典型症状，可概括为“三多一少”，即多尿、多饮、多食、体重减轻。此病不但见于少年、青年和中年，更多见于老年。应早期发现，及时防治。家庭照护要点：

1. 发现“三多一少”症状时，应及时就医，明确诊断。已确定为糖尿病时，需住院者，即住院治疗，以免延误病情。老年人症状常不明显，应定期检查尿糖、血糖（半年或一年检查一次）。

2. 调整生活。糖尿病属慢性病，生活规律非常重要，在身体情况允许的情况下，按时起居，有利于糖代谢。每周按时测量体重，作为饮食和观察疗效的依据。

3. 合理饮食调配。少进糖食、根茎类蔬菜，如：土豆、白薯、山药。要适当限制水果。应增进粗纤维的食物，如：糙米、玉米、豆类、绿叶蔬菜、白菜、绿豆芽、黄瓜、芹菜、西红柿等。多食用精蛋白，如：瘦肉、蛋、奶、鱼类。选用植物油，少进动物内脏类食物等。

4. 坚持适当的活动。可根据自己的身体情况和爱好，选择活动方式，要持之以恒。活动时间选在餐后 1～1.5 h 开始，这是降血糖的最佳时间。老年肥胖病人起床后可轻度活动。注射胰岛素的老年人，应避开高峰时间进行活动，以免发生低血糖。

5. 保护皮肤。首先要注意个人卫生，一般情况下每周要洗澡，换衣裤 1～2 次。保持皮肤清洁，尤其是要保持外阴部清洁。每天清洗会阴部，防止发生泌尿系统感染。要特别注意保护双脚，避免穿紧袜子和硬底鞋，以免发生足部溃疡进而发展成坏疽。

6. 密切观察。观察有无感染，食欲减退，恶心，呕吐，嗜睡，呼吸加快、加深，呼出的气体呈烂苹果味，脱水，酮症酸中毒表现。若出现上述症状应及时送医院就诊。用胰岛素治疗时，要注意有无出汗、手抖、心慌，严重时有抽搐、昏迷等低血糖症状，及无力、软瘫等低血钾等症状。

7. 用药反应观察。用药反应观察是糖尿病治疗中护理的重点内容。餐前 30 min口服降糖药，按时进餐。注意发生低血糖和出现胃肠道症状，如：恶心、呕吐、腹泻。少数病人有皮疹、发热等过敏反应。若肝、肾功能差，过敏者应慎用。

（二）高血压

1. 引导病人建立良好的饮食习惯。①控制总热量的摄入，低盐、低脂、低胆固醇，要少量多餐，忌暴饮暴食；②坚持低盐饮食，每日食盐≤5 g；③少食辛辣刺激性食物，少食甜食；④多食富含纤维素的蔬菜，保持大便通畅。

2. 督促病人形成良好的生活习惯。①戒烟、酒；②避免“高危险动作”；③不能趴着看书或看电视；④衣领口不可扣太紧，少戴或不戴领带；⑤起床时动作要缓慢。

3. 高血压的日常护理。①坚持每日测血压，每日 1～2 次；②督促病人按时、按量服药，且要定期检查；③注意观察病情变化，如突然出现头晕、恶心、呕吐、视力模糊、肢体麻木、心悸、呼吸困难等症状应立即送医院，并通知其家属。

图 6-4　测量血压

（三）冠心病

冠心病的护理主要是帮助患者进行日常保健，降低脑血栓、心绞痛、心梗的发生概率。

1. 预防重于治疗。如高血压、高脂血症、糖尿病等应及早治疗。

2. 调整心态。学习放松心情，维持愉快平稳的心情。

3. 养成每日运动的习惯。每次运动约 20～60 min 为宜，可渐进增加。（1）避免闭气用力活动，如举重、拔河、推重物等。（2）运动时如有任何不舒服应立即休息（必要时先服药）。

4. 均衡的饮食习惯及适当的热量控制（勿暴饮暴食）。以低盐、低胆固醇、低脂肪及高纤维饮食为主。

5. 养成良好生活习惯。维持正常的排泄习惯，避免便秘（避免闭气用力解便）。含酒精、咖啡因等刺激性饮料，勿过量饮用。禁烟并拒抽二手烟。

6. 维持理想体重。理想体重算法：

男：（身高－80）×0.7±10%　　　　女：（身高－70）×0.6±10%

7. 请随身携带硝酸甘油药片及小卡片（注明紧急联络人、姓名、电话、疾病），胸闷、胸痛时立即舌下含服药片，当服药无效或发病时勿惊慌，应安静休息，争取时间送医救治。

8. 定期返院复查，并按时正确服用药物。

（四）慢性支气管炎

慢性支气管炎的病因极为复杂，是一种严重危害身体健康的常见病，尤以老年人为多见，且男性多于女性。慢性支气管炎的护理主要有以下四个方面：

1. 症状的观察和护理

（1）咳嗽、咳痰。仔细观察咳嗽的性质，出现的时间和节律。观察痰液的性质、颜色、气味和量，并正确留取痰标本以便送化验室检测。鼓励病人有效地咳嗽、咳痰，有痰不易排出时，有条件时可使用超声雾化吸入，无条件时，可根据医嘱服用化痰药物，以稀释痰液，便于咳出。同时，可采取体位引流等措施排痰。

（2）喘。病人主诉喘憋加重，呼吸费力，不能平卧，此时应采取半卧位并给予吸氧，正确调节吸氧流量。

2. 一般护理

保持空气流通、新鲜，冬季应有取暖设备，避免病人受凉感冒，加重病情。饮食上给予高蛋白、高热量、高维生素、易消化的食物，若食欲欠佳，可给予半流或流质饮食，注意食物的色香味，并鼓励病人多饮水，每日至少饮 3 000 ml。

3. 健康教育

帮助病人加强身体的耐寒锻炼，气候变化时注意衣服的增减，避免受凉，耐寒锻炼须从夏季开始，先用手按摩面部，后用冷水浸毛巾拧干后擦头面部，渐及四肢。体质好、耐受力强者，可全身大面积冷水摩擦，持续到 9 月份，以后继续用冷水摩擦面颈部，最低限度冬季也要用冷水洗鼻部，以提高耐寒能力，预防和减少本病的发作。同时，应避免尘埃和煤烟对呼吸道的刺激，有吸烟嗜好应戒除。

4. 药物治疗的观察和护理

此类疾病最主要是控制感染，应按照医嘱针对致病菌的类别和药物敏感性合理应用抗生素，严密观察病人的体温及病情变化，耐心倾听病人的主诉。在药物治疗的同时，应注意营养支持，注意痰液的稀化和引流，这是缓解气道阻塞，有效控制感染的必要条件。

第四节　中医特色疗法与家庭健康

在人类的发展过程中，医学经受了历史长河变迁的洗刷，历代中医利用他们的聪明才智总结出了一套很有特色的治疗和保健的方法，为人类的生存繁衍做出了重要贡献。中医特色疗法对家庭的健康起着重要的作用。通过艾灸、拔罐、刮痧、经络调养、食疗等对家庭成员进行身体的调理，可以保证家庭成员的健康，因此，家庭女性有必要了解中医方面的相关知识。

一、中医传统疗法

中医传统的疗法主要包括艾灸和经络疗法。

(一) 艾　灸

1. 什么是艾灸

灸法是以艾绒为主要材料制成的艾炷或艾条点燃以后，在体表的一定部位熏灼，给人体以温热性刺激、以防治疾病的一种疗法。它具有效果明显、简便易行、经济实用的优点，几乎没有毒性和副作用，只要认真按照治疗原则和操作规程，对人体一般不会产生不良反应。

2. 艾灸的原理及禁忌证

艾灸通常是用易燃的艾绒、艾条（推荐使用3年以上陈年艾条）在人体重要穴位及患病部位皮肤约距2～3 cm的地方进行烧灼、熏烤。或者采用艾灸器，借助艾火的热力和药力给人体以温热性刺激，通过经络腧穴的传导，来调节脏腑的阴阳平衡，治病保健，进而达到养生保健、防病治病的目的。中医认为，艾叶性味苦、辛、温，归肝、脾、肾经，具有通畅经络、温经止血、散寒止痛、养生保健的作用。施灸中一般以熏烤后皮肤有温热感且无痛为宜，每处灸5～10 min，皮肤呈微红色。

艾灸对治疗疲劳综合征、失眠、身体乏力、精力不集中、记忆力减退、恶寒身痛、关节冷痛、肩周炎、颈椎病、风湿病、痛经等虚弱偏寒性疾病有良好效果，故通过做艾灸可改善亚健康状况。

艾灸治疗属于典型的绿色疗法，在人体多处穴位做艾灸是不会出现不良反应的，但在头面部、重要脏器官、大动脉血管处施艾灸就要格外谨慎了。孕期妇女应尽量避免做艾灸，尤其是腹部应禁灸，以免怀孕早期其温通作用造成流产，怀孕后期影响胎儿发育。有发烧、中风、偏瘫的患者及情绪易激动、饮食过饱、过饥、酗酒或过度疲劳者都应慎用艾灸治疗，以防诱发相关疾病。此外，做艾灸也应有度，做10次后应休息几天再灸。

3. 艾灸的作用

(1) 温经散寒。人体的正常生命活动有赖于气血的作用，中医认为："血得热则行，得寒则凝"，灸法通过艾叶燃烧产生的热量可以温经散寒，推动气血运行，气血和则百病消。

(2) 行气通络。灸治一定的穴位，可以起到调和气血、疏通经络的作用。

(3) 升阳举陷。对于脱肛、子宫脱垂、久泄等病，可用灸百会穴来提升阳气，以"推而上之"，这也是灸法的独特作用之一。

(4) 防病保健。民间俗话亦说"若要身体安，三里常不干""三里灸不绝，一切灾病息"。艾灸除了有治疗作用外，还有预防疾病和保健的作用，是防病保健的方法之一。

4. 艾灸的原料

艾叶：菊科多年生草本植物，气味芳香，易燃，用作灸料。

干燥，捣制后除杂质，成纯净细软艾绒，晒干贮藏，以备用。

5. 艾灸所用工具

艾炷：艾绒搓捏成圆锥形，大小不一。

艾条：清艾条、药艾条。

其他：生姜、大蒜、盐等。

图6-5 艾 炷

图6-6 艾 条

（二）经络疗法

1. 什么是经络

经络主要由经脉和络脉组成，好比一棵大树有树干还有分出去的枝叶。经，也就是路，指的是大并且深的直行主干；络，指的是分支，小并且浅的横行支脉。经络就像身体内深浅不一、纵横交错的沟渠一般，运行着气和血，使人的生命得以延续。只有把这些沟渠打扫干净了，让气血畅通无阻，人的身体才不会出现问题。

2. 经络的作用

经络有以下作用：

（1）联系全身。经络可以把人的内脏、四肢、五官、皮肤、肉、筋和骨等所有部分联系起来，就好像地下缆线把整个城市连接起来一样。每一条道路通畅，身体才能保持平衡与统一，维持正常的活动。

（2）运行气血。天然气需要管道输送到各个地方，同样，气血也需要通过经络输送到全身各处，滋润全身上下内外。每个人的生命都需要气血的濡养，经络就是气血运行的通道，只有通过经络把气血等营养物质输送到全身，人才能有正常的活动。

（3）人体屏障。外部疾病侵犯人体往往是从表面开始的，也就是从皮肤开始的，经络在外与皮肤相连，可以运行气血到外面的皮肤，好像砖瓦一样垒成坚固的城墙，每当外敌入侵时，经络首先发挥抵御外邪、保卫机体的屏障作用。

（4）反应内在。“病从口入”，吃了不干净的东西，身体的气血不正常了，也会生病。这种内生疾病首先表现为气血不正常，再通过经络反映在相应的穴位上。所以经络还可以反映人内在的毛病。

(5) 调整气血。按照中医理论，内脏跟经络的气血是相通的，内脏出现问题，可以通过刺激经络和体表的穴位调整气血虚实。

(三) 刮痧

1. 什么是刮痧

刮痧，是中国传统的自然疗法之一，用边缘光滑的汤匙、铜钱或硬币，在病人身体上按顺序刮动的治疗方法。是我国民间深受群众偏爱的一种治疗方法。刮一刮，不仅能排出身体内的“毒气”，而且能够舒筋活络。刮痧之后，病人常感到局部或周身轻松、舒适，胸腹开畅，症状消失。

2. 刮痧的原理

刮痧是将在血管壁上的瘀血清除到血管外，然后经血液重新吸收入血管，经过全身的循环，将刮出的废物从尿液排出，从而达到活血祛瘀、舒筋通络、排除毒素、调整阴阳的作用。

3. 刮痧的工具

刮痧工具包括刮痧板和润滑剂。工具的选择直接关系到刮痧治病保健的效果。古代用汤勺、铜钱、嫩竹板等作为刮痧工具，用麻油、水、酒作为润滑剂。这些工具取材方便，但目前已较少应用。现多选用经过加工的有药物治疗作用、没有副作用的工具，可以明显提高刮痧的疗效。

(1) 刮痧板。刮痧板是刮痧的主要工具。目前各种形状的刮痧板、多功能刮痧梳很多，有水牛角制品，也有玉制品。水牛角质地坚韧，光滑耐用，加工简便。水牛角性味辛、咸、寒。辛可发散行气、活血润养；咸能软坚润下；寒能清热解毒，因此具有发散行气、清热解毒、活血化瘀的作用，药性与犀牛角相似，常为犀牛角的代用品。玉，性味甘平，入肺经，润心肺，清肺热。水牛角及玉质刮痧板均有助于行气活血、疏通经络的作用。

(2) 润滑剂。刮痧的润滑剂多用兼有药物治疗作用的润滑剂。以有清热解毒、活血化瘀、消炎镇痛作用，同时没有毒副作用的药物及渗透性强、润滑性好的植物油加工而成。药物的治疗作用有助于疏通经络，宣通气血，活血化瘀。植物油有滋润保护皮肤的作用。

(四) 拔罐

1. 什么是拔罐

拔罐法民间又称“拔火罐”“拔管子”或“吸筒”，是传统中医常用的一种治疗疾病的方法。这种疗法可以逐寒祛湿、疏通经络、祛除瘀滞、行气活血、消肿止痛、拔毒泻热，具有调整人体的阴阳平衡，缓解疲劳、增强体质的功能，从而达到扶正祛邪、治愈疾病的目的。所以，许多疾病都可以采用拔罐进行治疗。

2. 拔罐的原理

(1) 机械刺激作用。拔罐疗法通过排气造成罐内负压，罐缘得以紧紧附着于皮肤表面，牵拉神经、肌肉、血管以及皮下的腺体，引起一系列神经内分泌反应，调节血管舒、缩功能和血管的通透性，从而改善局部血液循环。

（2）负压效应。拔罐的负压作用使局部迅速充血、淤血，同时促进白细胞的吞噬作用，提高皮肤对外界变化的敏感性及耐受力，从而增强机体的免疫力。其次，负压的强大吸拔力可使汗毛孔充分张开，从而使体内的毒素、废物得以加速排出。

（3）温热作用。拔罐局部的温热作用不仅使血管扩张、血流量增加，而且增强血管壁的通透性和细胞的吞噬能力，加速淋巴循环，有利于感染性病灶的清除。

3. 拔罐的工具

拔罐疗法采用的工具——罐，有许多种，有玻璃罐、陶瓷罐、竹罐、橡胶罐等，甚至家中的罐头瓶也可以用于拔罐。临床中用得较多的是玻璃罐、陶瓷罐、竹罐。而橡胶罐在家庭中用得较多，因为它使用方便，用手一捏，即可嘬住，不管你是否懂医，都非常容易掌握拔罐技巧，只要哪里痛就拔哪里即可。但它没有用火，少了一个重要的环节，效果就要差一些，所以医院一般不用这种。玻璃罐光滑透明，可以透过玻璃观察罐内皮肤充血、瘀血、起泡及放血时的出血情况等，所以临床中用得最多。

图 6-7　拔罐工具

拔罐疗法使用中的另一个工具——就是探子，或叫火把。可用一截较粗的铅丝，一头弯成圆圈状，易于用手握住，另一头缠上棉花及纱布，用来蘸酒精、点火。

4. 拔罐的方法及注意事项

（1）留罐法：指罐吸拔在皮肤后留置一段时间的拔罐法，留罐时间一般为5～20 min，夏季及皮肤薄处留罐时间不宜过长。

（2）走罐法：是指在罐子拔上以后，用一只手或两只手抓住罐子，微微上提，推拉罐体在患者的皮肤上移动。可以向一个方向移动，也可以来回移动。所以说，走罐不是作用于一个穴位，而是作用了数个穴位、一部分或一段经络。如后背的膀胱经，就是经常走罐的部位。走罐时应注意：走罐前要在欲走罐的部位或罐子口涂抹一些润滑剂，如甘油、石蜡油、刮痧油等，以防止走罐时拉伤皮肤。走罐，常用于后背酸痛、发凉，头晕，感冒等。

（3）闪罐法：是将已拔上的罐子，迅速取下，然后再拔、再取下，反复多次。闪罐法多用于虚寒症，或肌肉萎缩，或需重点刺激的穴位。闪罐时应注意：罐子在反复闪拔中，罐子本身的温度也在迅速升高，故应备有多个罐子，交替使用，防止烫伤皮肤。

（4）放血拔罐：是指在选定的穴位上或脓肿处，用三棱针扎上几针，再在上面拔罐。体内的瘀血、脓血会沿着针眼流出。放血拔罐时应注意：起罐后应做好消毒工作。本法一般用于发热、热毒引起的疾病。

二、中医食疗方法

“民以食为天”，“食”是人们生存下来的最基本条件，也是身体能否健康的最重要的物质基础。可到底有多重要，如何落实到一日三餐上，又怎样吃出健康，真正懂的人并不多。“病从口入”多数人理解为只要注意平时的饮食卫生安全，就不会生病。其实，“病从口入”可以说概括了除意外伤害之外的所有疾病的病因。也就是说，多数慢性病是由于不会吃、不懂吃造成的。所以，只要懂得最基本的食疗知识，根据自己的体质选择合适的食物，就能做到少生病或不生病。

任何食物都有它特定的营养价值，都有它适合的人群。也就是说，食物都是好的，只要我们能根据自己身体的需要，根据所处的环境、季节来挑选食物，并不需要花多少钱就能保证身体最基本的营养需求。那些最普通的、物美价廉的食物，像米、面、肉、鱼、蛋、奶、菜、茶、果等，就是适合我们身体的食物。

> **小贴士**
>
> **如何选择应季蔬菜**
>
> 有的人不知道什么是应季的食物，其实办法很简单，在菜市场上转一圈，基本上卖得最便宜的就是应季的蔬菜。

（一）熟知食物五味，保证气血充足

根据个人的体质，只要吃应季、应地的食物就能少生病。中医认为，温热为阳，寒凉为阴，只有将食物的温热寒凉因人、因时、因地地灵活运用，才能使人体在任何时候都能做到阴阳平衡，不会生病。

1. 根据个人体质选择食物

身体内寒气较重、气血两亏的虚弱之人不分季节，要多吃温热性质的食物，如牛肉、羊肉、洋葱、韭菜、生姜等，这样身体才会产生热，使机体兴奋，增加活力，血脉畅通。如果身体内热大，精力旺盛，就不用吃太多温热性质的食物，要适当地选用一些寒凉的食物来进行平衡。

2. 配合气候变化选择食物

气候的变化说到底就是温度的变化，所以，温度高时人要多吃寒凉的食物清热，温度低时要以温热的食物来保暖驱寒。

3. 在什么地方就吃什么地方的食物

每个地区因气候、地理的不同都生长着不同的食物，最明显的就是炎热之地多盛产寒冷性质的水果，如香蕉、西瓜、甘蔗等。而寒冷地区多生长洋葱、大葱、大蒜以及土豆、大豆等性平、性温的食物。

（二）懂得食物的五味才能保证“后天之本”的安全

人们的饮食习惯当然是受市场控制的，市面上卖什么我们就吃什么。可现在市面上供应的食物已经没有了季节、区域的划分。生活在内地的人们仍然要经历一年四季的温度变化，要经历从入秋到次年的春天长达半年的寒冷天气，这时再不学点饮食保健常识，不熟悉各类食物的温热寒凉的属性，在天冷的时候大量误吃寒凉的水果、蔬菜和饮料，不断地在给身体内的器官降温，带来的直接后果就是血液循环越来越慢、脏器功能越来越差、衰老提前，血流得越慢，沉淀的越多，血管越容易淤堵、梗塞，从而导致各种与血管相关的心脑血管疾病高发。

第五节　运动与家庭健康

运动对于人体身心健康起着重要的作用。科学的体育锻炼不仅能增强人体各器官系统的免疫功能，全面促进机体的新陈代谢和身体的正常发育，而且能磨炼意志，培养自信心，提高抗挫力，陶冶美的性情，增强社会与适应能力。家庭运动是现代家庭生活的一部分，不但能够锻炼体质，促进人的心理健康发展，而且能够提高人社会适应的能力，促进社会交往和增进友谊，实现生理、心理、社会交往的三重健康。家庭女性了解运动方面的知识，对促进家庭成员热爱运动，保证家庭成员健康有积极的作用。

一、家庭运动

（一）家庭运动的定义

家庭运动，是指一人或多人在家庭生活中安排的或自愿以家庭名义参与的，以身体练习为基本手段，以获得运动知识技能、满足兴趣爱好、丰富家庭生活、达到休闲娱乐、实现强身健体和促进家庭稳定为主要目的的教育过程和文化活动。

（二）家庭运动的内容

家庭体育包含的内容非常丰富，根据家庭体育的不同目的和要求，可以分为：健身运动、健美运动、娱乐体育、医疗体育与矫正体育。

健身运动主要是保证身体正常发育，身体各部分协调发展，增强人体各器官系统的机能，发展运动素质，以及提高基本活动能力。其具体内容可选用竞技体育和民族形式体育的一些项目，可以采用走、跑、骑自行车、游泳，以及生活中某些较有显著锻炼价值的动作。

健美运动是为了人体的健美所进行的家庭体育，像有些男生为了发达肌肉，可采用举重和器械体操练习。为了形成良好的形态与姿势，可以采用健美操、艺术体操、基本体操中的一些身体练习等。

娱乐运动是为了调节精神、丰富文化生活而采用的娱乐性质的体育活动。如活动性游戏、郊游、打球等。

医疗体育运动是为治疗某些疾病而进行的专门体育活动。矫正体育是指某些身体有缺陷或功能有障碍的人所进行的专门体育活动。两者一般都应在医生的指导下进行。有常见的一些身体练习如走、跑、太极拳、按摩、眼保健操或根据具体人的情况专门制定的身体练习。

（三）家庭运动的原则

家庭运动内容的选择的形式有很多，家庭运动内容的选择是否科学，对能否调动锻炼者的积极性，和能否收到良好的锻炼效果，有直接的影响。它的选择有以下几个原则：

1. 目的性原则

选择的内容应有明确的目的性，是健身还是健美，是娱乐性还是医疗性。如果是健身，那么是促进身体正常发育，还是着重发展全身耐力等，都应在选择内容前确定下来，并为达到此目的去选择合适的内容。

2. 从实际出发原则

家庭体育的内容，要能调动参加者的积极自觉性和达到理想的锻炼效果。要达到锻炼效果，还必须符合家庭成员的年龄、性别、生活条件和体育基础等实际情况。

3. 坚持不懈原则

家庭体育应持之以恒，成为日常生活的重要活动内容。家庭体育的直接作用是加快体内物质的合成，使机体内部的物质得到补充、增加和积累，从而使人体结构和功能的变化逐渐得到增强、提高和完善，只有坚持经常性的体育活动才能使这些变化巩固和扩大。

4. 循序渐进原则

进行身体锻炼，合理地提出新的要求，人体会产生“一时性适应”，产生良好的影响，一旦长期进行相同的锻炼内容、方法与运动负荷，有机体会逐渐适应，从而产生“持续性适应”，这样锻炼的效果，与开始时相比效果就不明显。因此，为了提高锻炼效果应逐渐提高对锻炼的要求。具体来说，对于新参加锻炼的人，由于起点比较低，在通常情况下经过一段时间的锻炼，获得的效果比较明显。坚持较长时间身体锻炼的人，尤其对于中老年人来说，再进一步提高锻炼的效果就不像开始锻炼时那么明显，而且在提高锻炼的要求方面也需要谨慎些。

进行家庭体育锻炼需要经常的检查和测定它的效果，以便及时地调整家庭体育的内容、改进方法，从而使家庭体育更趋科学。家庭体育效果的检查与评定通常有临时性、常规性和全面检查性三种。就是在进行家庭体育活动过程中进行临时性测定、评定，如从事长距离跑，进行测定与评定；每天早起、晚睡前测定脉搏、血压等，进行常规测定与评定；定期或阶段性进行全面身体检查。

二、常见的家庭运动方式

家庭体育锻炼的方式，应以个人或家庭为单位进行，不宜采用集体参与的锻炼方式。家庭体育锻炼的地点，应选择人群较少、空气清新流通及阳光充足的地方；锻炼时间，则应尽量选择每天下午四点至七点这个时间段。

（一）家庭有氧运动

家庭体育锻炼在内容与方法上应注意选择合适的有氧运动，有氧运动时增强个体吸入与使用氧气的耐久运动。它的运动特点是负荷量轻，有节律感，持续时间长。运动医学测定，有氧运动适宜的运动负荷为每周4～5次，每次持续20～30 min，运动心率为每分钟120～135次。应选择简单、锻炼效果好，尤其是对心肺功能影响明显的户外运动内容，如慢跑、快走、羽毛球、网球、太极拳、跳绳等。

1. 慢跑：也称健身跑。特点是动作简单、易掌握，男女老少均可参加。慢跑不受场地、器材限制，有利于血液回流，主要是对心血管系统功能和心肺功能的锻炼作用较大，被称为“世界第一健身运动”。慢跑的方法及要领：一是跑步时，步伐轻快而有弹性，身体重心起伏小，上下肢协调配合，呼吸要和跑步的节奏相吻合，一般是两步一呼，两步一吸，也可三步一呼、三步一吸。呼吸时，要用鼻和半张开嘴同时进行。二是运动强度和运动量要适合。每分钟心率＝180－年龄数，如跑步者为40岁，他跑步时的适宜心率为每分钟140（或130）次左右。每次锻炼的次数、时间、距离为青少年每周4～5次，每次20～25 min，距离为3 000 m左右；中老年每周3次，每次15～20 min，距离1500 m左右。

2. 羽毛球运动：可以发展人体力量、速度、耐力、灵活和协调性等身体素质，对人的心肺功能有很好的锻炼作用。

3. 快走：即快步行走，是最简单易行、最安全的一种有氧代谢运动健身方法，适宜中老年人。快走分正行和倒行。正行锻炼方法要注意身体姿势和动作要领，全身放松，抬头挺胸收腹，两臂自然摆动，步伐稳健，身体重心落在脚掌前部，呼吸自然。锻炼者的运动量一般可控制在每秒80～120 m之间，锻炼次数可每天2次，每次10～15 min。倒行锻炼方法即倒走，消耗能量比散步大，对腰、臀、腿部肌肉锻炼效果明显，对心肺功能的影响也较大。开始步子要小而稳，不可过大和走得过急，两臂轻松地前后摆动，用以维持身体平衡。锻炼的次数与距离因人而异，一般人可每天倒走2～3次，每次200～400次，往返3～4次；或者15～20 min

图6-8　青少年扩胸运动

走 1 600 m 左右。

4. 健身操：是男女老少都可在家庭中锻炼的项目。有广播操、徒手操、健美体操等。

5. 扩胸运动：适宜青少年在家锻炼。最常用的是拉力器（又叫扩胸器）。目前有两种：普通常用的是钢制弹簧的，适合儿童用的是橡皮筋做的。练习时，一般有两臂上下拉、平拉等 13 种动作。主要是锻炼背阔肌、胸大肌和肱四头肌等，对青少年学生胸围发育很有益。

6. 哑铃：是青少年最喜欢的家庭锻炼项目之一。一般有平举、侧举、交替握举等 12 种动作可供选择。最佳练习时间是隔天进行一次，每次以 30～40 min 为宜，主要是锻炼上臂肌肉（如三角肌等），也可促进身体其他肌肉发育，练习时以肌肉发热、发胀为度。

7. 俯卧撑：青少年的身体素质常用俯卧撑的次数来衡量。在家里做 1 分钟俯卧撑是简单易行的，临睡前或起床前都可以进行，一般以 15 次左右为宜。对锻炼胸大肌很有效。

8. 屈臂悬垂：适合青少年，虽然在家中较难进行，但是可以充分利用家中有利条件，如将门框当作单杠来练习，在家中悬挂吊环做屈臂悬垂或引体向上的练习等。

图 6 - 9　俯卧撑

每天早晨打开窗户做深呼吸，也是家庭中最简易的运动方式之一，此外，还可以在家中赤脚做脚操，如先用较低外缘走，再用内缘走，然后转动每一脚趾等，一般每天做 5～10 min 为宜。

总之，根据家庭的不同条件，利用现有的设备，可以创造出许多家庭体育锻炼的形式。

■ 知识链接 ■

广场舞

广场舞是自娱性与表演性为一体，以特殊的表演形式、热情欢快的表演内容、以集体舞为主体来表演的舞蹈形式。广场舞带有强烈的自娱性，舞步一般比较简单，队形变化也不复杂，是一种比较容易开展的“大家跳”，广场舞可以增强体质，提高身体免疫力，起到健身的作用。

（二）家庭休闲运动

家庭休闲运动是以家庭为中心，家庭成员利用闲暇时间从事各种休闲活动的典型形式。家庭体育型休闲是将休闲体育及具有休闲体育性质的活动作为家庭休闲方式的主要内容。随着“健康第一”思想的提出，人们对于休闲体育的认知度越来越高，在这种观念的影响下，人们注重选择一些休闲体育作为日常的休闲方式，“休闲体育”亦逐渐成为人们度过闲暇时间的重要活动方式。

家庭休闲体育项目主要有游泳、滑雪、爬山或球类运动。

1. 游泳：夏天是游泳的好季节。游泳不仅同许多体育项目一样，可以锻炼身体，而且有它独特的娱乐和美容等好处。

2. 滑雪：滑雪不仅是为了休闲娱乐，掌握正确的方法，每周一至两次练习，循序渐进，持之以恒会收到很好的健身效果：柔韧你的身体，减掉增多的脂肪，缓解“冬季抑郁症”。

3. 爬山：既可以锻炼身体，又可以陶冶人们的情操。爬山作为一种户外运动，对身体的有利因素是多方面的。它既是有氧运动，又有力量练习的成分，而且运动量、运动强度可以根据自己的体力、身体素质进行调节。可以说爬山是一项健身作用较全面而危险性相对较小的锻炼方式。

4. 球类运动：适合家庭的球类运动主要包括篮球、网球、羽毛球、足球、乒乓球等，球类运动可以达到促进健康的目的。

家庭和谐是社会和谐的重要基础。它包括夫妻关系的和谐和父母与子女关系的和谐。在家庭休闲体育活动中，平等主体之间在非功利性的场合中营造了娱乐、友好、真诚、愉悦和轻松的氛围，为进行情感交流、增进了解、产生认同架起了沟通的桥梁，家庭的人文精神世界得到更多的终极关怀，对于防止精神匮乏、缓解精神贫困、避免精神家园的荒芜具有精神导向价值。

思考与训练

1. 案例：李女士，44 岁，企业高层领导。平时因为工作和家庭事务过于紧张觉得疲劳、乏力。近几年总疑神疑鬼，感觉丈夫有外遇，丈夫换件干净的衣服也要被她奚落半天。对下属失去耐心，一点小毛病就忍不住大声呵斥。尤其不能让人容忍的是睡到半夜，她突然起来给远在美国的儿子打电话。医院对她的心肺功能、平衡感、柔韧度、耐力、爆发力、敏捷度等七个方面进行评价，认为她的体质年龄为 52 岁，比实际年龄整整大 8 岁。

根据案例，分析中年人面临哪些危机，应该从哪些方面进行保健。

2. 案例：某男，42 岁，农民。患高血压有 10 余年，高压最高达 220/120 mmHg，无明显症状，未规律用药，否认其他病史。患者由于经济状况不佳，断断续续使用一些中草药和尼群地平、硝苯地平等较便宜的药物，血压忽高忽低。患者喜欢吃比较咸而且辛辣的食物，经常吸烟喝酒，对自己的病情不在意，只有难受得厉害时才去医院检查。

根据案例，分析患者的哪些生活习惯不利于病情的控制，高血压患者需要在哪些方面进行照护。

3. 结合自己的家庭成员的身体状况和家庭的经济状况，请您制定适合家庭的室内或者室外运动。

第七章 女性与家庭教育

学习目标

通过本章内容的学习，即将步入社会的女大学生能够掌握家庭教育过程的基本理论，为将来更好地做好家庭教育工作打下基础。

西方有一句教育格言："推动摇篮的手就是推动世界的手!"家庭教育就是如此神圣，如此伟大。

把孩子的教育放在家庭重要的位置上，是绝大多数家庭的共识，也是中国社会进步的重要标志。孩子是父母的未来、家庭的未来，更是祖国的未来。对父母而言，孩子既是独立生命的个体，又是父母生命的延续，父母希望孩子比自己更完美，希望自身生活中的缺憾在孩子身上得到补偿；对家庭而言，孩子教育得好，家庭才能美满幸福，否则将永无宁日，绝无幸福可言；对社会和国家而言，家庭教育出符合社会要求的全面发展的好孩子，培养社会所需要的人才，是对社会和国家最大的贡献。作为家庭中的重要成员，家庭女性有必要积极了解家庭教育相关的知识。

第一节 家庭教育概述

家庭教育素为我国所重，家庭是儿童和父母幸福的源泉。本节学习任务从家庭教育的基本概念入手，进一步探索家庭教育的重要性和不同类型的教养方式对家长的教育行为及儿童发展的影响，理解父母的教育职责与家庭教育的重要意义，从而帮助家庭女性与家庭成员一同更好地对子女进行教育。

一、家庭教育概念的内涵及特点

（一）家庭教育概念的内涵

家庭是个体出生后第一个接触的地方，也是个体最早社会化的单位，家庭的学习持续人的整个生命周期，个人人格的养成、价值观的形成、社会角色的学习，无一不受家庭教育的影响。传统的家庭教育是指在家庭中，由年长者对年少者实施的教育与影响。现代家庭教育是指发生在现实家庭生活中，以血亲关系为核心的家庭成员（主要是父母与子女）之间的双向沟通、相互影响的互动教育。

以往的家庭教育多受传统教育学的影响，将家庭中的教育者与被教育者截然分开，从长辈对子女的教育影响上去界定，强调长辈作为教育者的教化功能和对子女的塑造作用，这只是静止的、显性的、一个层面的家庭教育。当代的家庭教育学要求必须树立父母与子女及其家庭成员之间互动的教育影响观，即在家庭中，不仅有长辈特别是父母对子女的教育影响，而且也有子女对长辈特别是父母的教育影响，还有同辈人之间的教育影响，他们之间是互动的关系。所有的家庭成员都在家庭教育的互动影响中成长、进步。

知识链接

2018年9月10日习近平在全国教育大会上指出，办好教育事业，家庭、学校、政府、社会都有责任。家庭是人生的第一所学校，家长是孩子的第一任老师，要给孩子讲好“人生第一课”，帮助扣好人生第一粒扣子。教育、妇联等部门要统筹协调社会资源支持服务家庭教育。

（二）家庭教育的特点

1. 家庭教育的启蒙性

早期的家庭教育与影响，对一个人思想观念的形成、智力的发展、性格的培养都具有至关重要的启蒙意义。成功的家庭教育，是人成长的基础。家庭教育的失误和不足，将给人的一生带来不可弥补的缺陷或障碍。苏联教育家马卡连柯曾经说过：“儿童教育的最重要阶段，就是儿童出生几年的最初阶段。正是这个时期，儿童的脑和感觉器官发展得特别急速，许多偶然的联想——人的心理的基础，特别迅速地形成起来，牢固起来。”而儿童最初的几年，绝大部分是在家庭中度过的，家庭教育的影响将在孩子一生发展中留下不可磨灭的痕迹。

2. 家庭教育的随机性

家庭教育的随机性主要表现在：一是灵活分散性。即家庭教育分散于家庭生活的方方面面，如读书、娱乐、谈心、聊天等，都包含着教育的因素。二是潜移默化性。在实际生活中，家长的各种观念、行为都会无拘无束地流露出来，对子女产生影响。家庭教育时时处处存在于家庭生活的每个瞬间。

3. 家庭教育的伦常性

家庭教育的伦常性主要表现在：一是感染性。家庭成员间具有浓厚的情感色彩，父母与子女的情感联系最为密切而持久。亲子情感造成的温馨家庭氛围是家庭教育的极好条件。家庭教育中利用亲子情感，可以充分发挥其感化作用，产生很好的教育效果。二是家长的权威性，权威是以意志服从为特征的。家长在家庭中的社会责任、家庭中的地位及教育者的角色，决定了他们在家庭教育中有较强的权威性，父母的讲话最有力量，最容易被子女理解、接受和服从。三是教育的针对性。家庭中各个成员朝夕相处，为人父母者对子女观察细致，了解充分，能够做到针对子女特点有的放矢地进行教育。

4. 家庭教育的全面性

家庭是社会的组织细胞，家庭教育是培养适应社会需要的成员的场所。也就是说，家庭教育的最终目的是要培养社会化的人。而一个合格的社会成员必须接受全面的教育，无论是身体、认知、品德还是个性等的形成与发展，家庭都负有不可推卸的责任和义务，这既是社会向家庭提出的要求，也是个体发展的需要。

二、家庭教育的地位和作用

（一）家庭教育的地位

家庭教育的地位需要从它在整个教育工作中的基础地位和它在现代社会生活中的战略地位两方面来认识。

1. 家庭教育在整个教育工作中的基础地位

家庭教育是我国教育体系中不可缺少的重要组成部分，是育人成才有机构成的重要环节。家庭教育在教育体系中，就像是建高楼大厦的基石，基石打得好，才能建优质的高楼大厦，家庭教育搞好了，才能为培养优秀人才打好基础，在个体成才甚至成为伟人的过程中，家庭教育的作用是不容否认的。这种伴之以深厚浓烈的亲情之爱和细致入微的体贴方式而进行的家庭基础性教育，是其他任何教育形式所不能取代的，它对任何人一生的成长都起着奠基作用，真可谓“谁言寸草心，报得三春晖”。

2. 家庭教育在现代社会生活中的战略地位

家庭教育能促进人的社会化过程的完成，家庭教育的质量将成为影响国民素质、社会稳定的重要因素，因而家庭教育在现代社会生活中具有重要的战略地位。

（1）家庭教育决定人社会化完成的好坏

人一出生，就要受到家庭成员、家庭环境、家庭文化氛围的熏陶和影响，在家庭教育中人会获得知识、经验，形成情绪、情感，养成道德、习惯，促进身体、心理发展，并在此基础上，形成特定的性格和心理定式，形成一定的政治和生活态度，参与到社会的学习和实践活动中去。受到良好家庭教育的人，具备了一定社会生活能力，能以积极的态度面对社会生活，与人和谐相处，就能在社会上发挥积极的作用。

我国的超常儿童教育研究提出：我国 280 名少年大学生中，大都接受过良好的早期家庭教育，其中 61 名冒尖学生提前考入国内外研究生，不少人在专业工作岗位上做出了成绩。这说明，良好的家庭教育是天才成长的重要因素，是他们尽快、尽好完成社会化转变的基础。

（2）家庭教育对提高国民素质影响巨大

家庭是社会文化的载体，家庭教育的本质在于传递社会文化。我国传统的家庭教育以儒家思想、宗法观念为主要内容，造就了中国的文明社会和传统文化，家庭教育在中华文明史中占有举足轻重的地位，促进了中华民族文化的发展。现代社会的文化是古代和近现代社会文化的继承和发展，同时塑造了新型的家庭教育，也推动社会文化的进步和发展，这说明家庭教育在社会文化传承中具有不可忽视的地位和作用。

家庭教育作为社会文化传统的传承载体，对儿童学会生活、学会做人、学会学习将奠定良好的基础，同时对成年人的不断进步，提高修养水平有着直接的促进作用。一个国家家庭教育工作的好坏，将直接影响国家民族素质的高低，这也将直接影响全社会精神文明的建设和提高。

总之，人是社会的主体，社会的稳定发展依赖人们素质的提高，而教育是提高国民素质的重要保证，家庭教育则是一切教育的根本。因此，为了造就为数众多的德、智、体全面发展的社会主义建设者和接班人，基础教育必须形成以学校教育为主体、以家庭教育为基础、以社会教育为依托“三结合”教育的新格局，只有当家庭教育同学校教育、社会教育相结合，才会充分显示其强有力的育人效应，也由此看出了家庭教育在社会生活中的战略意义。

知识链接

陈鹤琴提倡“活的教育”

我们要活的教育……尽量利用儿童的手、脑、口、耳、眼睛，打破只用耳朵听、眼睛看，而不用口说话，用脑子想事儿的教育。

著名家庭教育专家陈鹤琴

（二）家庭教育的作用

1. 教导子女掌握基本的生活技能

呱呱坠地的婴儿，其环境适应能力十分贫乏，他有温饱需求但无获取衣食的本领。因此，他需要家庭给予多方面的照顾。当他们逐渐长大后，仍需要父母教导其衣、食、住、行的基本技能，使其能适应生活和环境。即使上了中学，其生活、社会等方面的适应能力仍相对贫乏，也需要得到家庭多方面的照顾、指导，并从中获得基本生活技能。

2. 教导子女掌握社会规范，形成道德情操

儿童、青少年作为社会的独立个体，必须具备一定的社会价值观念，遵守一定的社会行为规范和道德准则。但这些观念、规范、准则不是在自然状态中萌生的。家庭作为子女最初生活的场所，子女与双亲、祖辈及同辈间发生的生活关系和道德关系、家庭行为规范等，成为子女最初接触的社会规范。在家庭生活中，子女最初总以双亲言行为榜样，以双亲的需求、情感情操为认同对象，通过同化作用，逐渐形成自己的行为方式、习惯和道德信念体系，借以调节自己与他人的关系。

3. 指导子女形成生活目标、个人理想和志趣

个体的理想由兴趣、爱好引发。子女最初的兴趣爱好是在家庭生活中萌发的。家庭对子女倾注了莫大的期望，家庭教育的积极作用表现在：父母用自己全部的生活经验教育子女，发展子女的兴趣爱好，引导子女逐渐懂得生活的意义，帮助子女树立远大的抱负、理想，培养子女的进取心等，为子女在人生道路上做出有价值的选择奠定基础。

（1）培养子女的社会角色。角色由个体所处的社会地位决定，是社会所期望的行为模式。明确的角色意识能使个体认识到自己的社会地位、作用和承担的义务、责任，并产生一定的角色期望。子女的社会角色最早是在家庭影响下产生的。首先，家庭最早为子女复制文化传统所要求的性别角色及行为；其次，家庭通过影响子女的兴趣爱好、目标理想、职业选择等使他们逐步学会如何选择和充当一定的社会角色；再次，父母在家庭中承担的多重角色能对子女将来在社会上扮演不同的角色产生启蒙作用。

（2）形成子女性格和社会适应能力。一方面，家庭成员的素质、教养、人格、言谈、举止、生活方式、教育态度等时刻在有意无意影响子女的成长。长时间的耳濡目染、潜移默化，对子女道德观念、行为准则以及良好的性格形成都有重要影响；另一方面，子女的个性特征、道德品质、学习态度、兴趣爱好、生活习惯、行为方式等，在家庭中表现得最充分、最自然。家长对子女的表现极为关注和敏感，在时间上有条件了解子女各方面的情况，并从其实际出发，对子女进行相应的培养和指导。

4. 家庭教育在很大程度上决定了家庭成员的幸福

幸福是人对生活和境遇的美好感受，追求幸福是人生过程中的最大愿望。个人幸福与家庭幸福密切相关，它来源于家庭幸福。有良好家庭教育的家庭，反映了家庭中成年人修养好、素质高，家庭具备了教育的良好环境，成年人在家庭中能不断接受再教育，充实和提高自己；孩子在这样的家庭中能受到积极的影响，养成各种良好习惯，健康成长。家庭成员在相互关心、相互爱护、相互体谅的环境中相处，精神放松、心情舒畅，会产生强烈的幸福感，达到生活的最高境界。沐浴在幸福中的家庭成员，就会以饱满的情绪参与到学习、工作中，无论从事怎样的职业，无论职位高低，无论贫富与否，都会满怀豪情，度过充实的一生，圆满完成人世间的一趟旅程。因而，良好的家庭教育是家庭幸福的基础，是家庭成员幸福的源泉，关系着人一生的发展、进步和幸福。

5. 家庭教育是提高全民素质的重要途径

家庭教育是最具广泛性和基础性的教育。优化家庭教育意味着教育事业的整体优化。按照现代教育学的观点，为了全面造就社会主义事业的建设者和接班人，基础教育必须形成以学校为主体，以家庭教育为基础，以社会教育为依托的“三结合”教育的新格局。家庭教育具有基础性、广泛性、针对性、感染性等特点。优化家庭教育，可以与学校教育和社会教育形成优势互补，对于促进教育事业的整体优化，更好地培养“全面发展的社会主义事业的建设者和接班人”，有着不可估量的作用。

6. 家庭教育是传递社会文明的主要方式

家庭是社会的基本单位，它是保护人的价值、保持文化认同和传承信仰的基本场所。在社会不断发展、急剧变化的今天，家庭所发挥的传递文明的重要意义功能得到越来越充分的肯定。在全世界范围内，从西方到东方，从发达国家到发展中国家，都认识到家庭与社会发展的联系，进而把家庭文明作为社会文明建设的基础。

因此，家庭教育水平的高低、效果的优劣，不仅是某一个家庭的孩子是否成才的问题，更关系到家庭的幸福、全民族素质的提高和社会文明的传承。

三、亲职教育

亲职教育就是为父母提供和子女成长、适应与发展有关的知识，增强父母教养子女的技巧与能力，使之成为有效能父母的历程。亲职教育的对象主要是父母，其近期目标是提高父母教育的效能，其远期目的是促进家庭亲情的和谐、家庭生活的圆满。亲职教育是一种指引父母如何扮演角色、调整亲子关系以及认真教育子女的非正规教育或社会教育活动。亲职教育的内容主要包括以下几个方面：

（一）做好父母亲的基本认识

要做父母很容易，但要做好父母就不那么简单。人人只要结婚生子，就可以为人父母，但如果他们没有时间或没有心情去教育子女，或有心教育子女却不得要领，那么他们就失去为人父母应尽的职责，不可能成为好父母。为人父母者要想做好父母，应具有如下的基本知识：

1. 父母角色的认定：想要使子女身心获得健全发展，父母在家庭里要各自扮演好自己的角色，谨言慎行，恩爱温馨，合作无间，表现出完整的人格及民主的风度。

2. 父母职责的认定：父母是家庭生活中的支柱，夫妻双方都应同心协力，共同维护家庭生活的稳定，对子女负有生育、养育和教育的责任，这三个方面是同样重要、缺一不可的。

3. 教育子女的基本原则：大体包括接纳孩子、信任孩子、相信孩子的能力；坦诚地对待孩子，切勿以冷嘲热讽的口气与孩子说话；倾听孩子的诉说，尽量腾出时间来听听孩子的心里话；了解孩子，父母的理解与关爱是孩子永远需要的。

（二）学习夫妻相处之道

在一个家庭中，夫妻相处和谐，就已经为子女教育奠定了良好的基础，而且是子女最佳的模仿对象，并给子女最大的安全感，使他们相信父母是爱他们的。夫妻能融洽相处，对事物的看法、对子女的教养态度才会协调。孩子如果能在充满快乐的家庭气氛中成长，其心胸必然开朗，行事也必然积极进取。

（三）增进亲子间的沟通

和谐的亲子关系需要亲代与子代的相互沟通，它是教养子女成功的基石。

（四）建立对学校的适当态度

父母应关心子女在学校的生活，随时与教师保持联系，尊重教师的意见，不在孩子面前批评教师，同时父母要有自知之明，接受子女的能力与形象，并给予合理的期待。

四、家长的教养方式对其教育行为及儿童发展的影响

家庭教养方式是指父母在对子女实施教育和抚养子女的日常活动中通常运用的方法和形式，是教育观念和教育行为的综合体现。家长的教养方式一般划分为四种类型：民主权威型、绝对权威型、娇惯溺爱型、忽视冷漠型。

（一）民主权威型教养方式对家长的教育行为及儿童发展的影响

民主权威型教养方式的家长在其教养行为上注意给孩子创设理解、民主、平等、宽松的家庭环境，给孩子的发展提供广阔的空间，给孩子自我发展的自由。他们了解孩子的兴趣与需要，尊重孩子的兴趣爱好，尊重孩子的自由与独立，接纳孩子的行为，并以平等的身份与孩子交流，鼓励孩子按照自己的意愿去尝试。因此，在这种教养方式下培养出来的孩子情绪稳定、乐观向上、自信、独立，爱探索，能积极主动地解决问题，直爽、亲切、宽容、大方，能和同伴友好相处，在人格等各方面均有较好发展。

（二）绝对权威型教养方式对家长的教育行为及儿童发展的影响

绝对权威型教养方式的家长在教育行为上对孩子实行高压政策，要求过分严厉，过多限制，缺少宽容，奉行棍棒教育，孩子稍有不妥之处就严加惩罚。父母

经常批评、责怪、打骂孩子，对孩子的否定多于肯定，管教过于严厉，要求孩子服从，造成孩子独立性和自主性较差，自我依赖程度也较低，往往不能接纳自我，情绪不安定，极易产生逆反心理和恐惧心理，表现为逃避或反抗、胆怯或粗暴。他们既依赖、顺从别人，又常常对别人反抗、凶残。气质弱的幼儿可能变得更加依赖、无主见，而气质强的儿童可能变得更加反抗、暴烈。

（三）娇惯溺爱型教养方式对家长的教育行为及儿童的影响

娇惯溺爱型教养方式的父母在家庭中把孩子摆在高于父母的不恰当位置上，倾注给孩子的爱抚程度很强，超过了一般的限度。过多地满足孩子的各种愿望，对孩子过分照顾、保护，包办代替，不肯放手让孩子自己活动、做事，又往往对孩子有求必应。这种教养方式的孩子依赖性强，骄纵，神经质，缺乏独立性，懒惰，自私，以自我为中心，目空一切，任性，为所欲为，缺乏责任感和忍耐心，不适应集体生活，遇事优柔寡断，形成一系列不适应社会要求的行为习惯和性格特征。这种教养方式下培养出来的孩子对父母没有感情，只知道索取。

（四）忽视冷漠型教养方式对家长的教育行为及儿童发展的影响

忽视冷漠型教养方式的家长对孩子不闻不问，由于父母和孩子接触的机会少，彼此不了解，容易产生“代沟”和许多分歧。这种教养方式的孩子情绪不稳定，富有攻击性，对人冷酷，自我控制力很差。有些孩子自信心很差，也有些孩子有较强的自立精神和创造性。

知识链接

创造爱的家庭气氛

有充分的资料表明，家庭气氛对孩子的成长关系极具影响。团结、祥和、温馨的家庭气氛使孩子健康成长，阴冷、紧张、恶劣的家庭气氛对于孩子的性格、品德、身体、智力的正常发展造成很大的障碍。

日本有一调查，少年院中有89.3%的少年来自关系紧张和经常发生冲突的家庭。美国有一些研究人员对61名儿童做追踪研究，发现他们的智力受家庭氛围的影响很大。其中20名儿童家庭气氛恶劣，他们几乎都表现为注意力分散，反应迟钝，近乎麻木。15名儿童家庭气氛良好，这些儿童表现活泼，善于思考，求知欲强，学习成绩良好。美国另外几个研究者对13名身体发育迟缓的儿童做观察分析，发现其原因并非患有某种疾病，而是他们的家庭气氛不良，孩子大脑皮层经常受到不同程度刺激，从而引起功能失调、内脏功能障碍。

列宁兄妹6人，除一个早逝外，其余都成了杰出人才。这与他们小时候生活在良好的家庭气氛中不能说没有关系。请看列宁的姐姐对儿时生活的一段回忆：“冬季的傍晚，母亲弹着大钢琴，我很爱听，我贴着她的裙子，坐在地板上。她经常和我们在一起，参加我们的游戏、散步。我们用椅子代表马车和爬犁。弟弟坐在车夫的座位，高兴地挥着小鞭，我和妈妈坐在后面，她用简单明了的词句给我们生动地描绘着冬天的道路、森林、路上遇见的东西。这种简单的游戏在我们的心灵里唤起那么大的快乐，给我们那么多幸福的、诗情画意的享受。”

第二节　家庭教育的原则

家庭教育是一门科学，通过对其规律的探索，可以总结出具有普遍指导意义的基本原则。掌握理性施爱原则、正确导向原则、以身作则原则、启发诱导原则、教育一致性原则和因材施教的原则，是实施家庭教育的基本要求。

要想使家庭教育富有成效，必须遵循正确的教育原则，运用科学的教育方法。违背这些原则，必然导致家庭教育的失败。作为家庭中重要的成员，家庭女性更是有必要了解家庭教育的原则。

一、理性施爱原则

理性施爱原则是指在家庭教育中，家庭成员特别是父母在充满爱的浓浓亲情里，不仅仅要以无私的亲人关系热爱孩子，更需要情感与理智相结合，坚持科学育人，使子女的身心得到健康发展。贯彻理性施爱原则，要求必须做到：

1. 要充分发挥亲人之爱的教育作用

爱是人类的情感，也是家庭教育的特点。爱是教育的出发点，也是教育成功的基础，还是教育过程中的催化剂。发挥亲人之爱的教育作用，要求家庭成员创造出一个和睦、民主、友爱的家庭育人环境，父母子女之间相互尊重、相互理解、相互关心、相互谦让，使家庭弥漫着一种轻松、愉快的氛围；居家环境具有温馨宜人的格调，使家庭成员置身其中感到温暖、舒适，心情乐观、舒畅；孩子具有一定的学习空间、齐备的学习用具和较好的学习环境，能对学习产生浓厚的兴趣。教育子女的动机和效果要统一。

2. 规范行为，严格要求

家庭中爱是教育的前提，但家庭教育的成功是以规范行为、严格要求作为必要保证的，特别是父母对孩子的教育，要规范他们的观念和行为，通过严格的管理，使孩子成为品德高尚、知识渊博、技能高强、身体健壮、心理健康的合格公民。但严格要求是根据孩子的发展水平和年龄特点、已取得良好教育效果为前提的。如果过分严格，就会走向反面，为此家长必须遵循以下要求：

首先，父母提出的要求应是合理的，是符合孩子的实际情况且有利于孩子的身心健康的。

其次，父母提出的要求必须是适当的，是孩子经过努力可以做到的。

再次，对孩子的要求必须明确具体，要让孩子明白应该做什么，怎么做，不能模棱两可，让孩子无所适从。

最后，父母对孩子的要求已经提出，就要督促孩子认真做到，不能说了不算数，或者做也行，不做也行，而是让孩子一定要做到，否则就起不到教育的效果。

3. 爱而有教

爱而有教，就是家长在爱孩子的时候，要使孩子懂得家长的爱心，教会孩子对别人也要有爱心。只有教育孩子有爱人之心，他才会在别人需要帮助之时伸出热情之手；有爱家之心，他才会在父母耄耋之年时尽一份孝心；有爱国之心，他才会在国家需要时挺身而出。

二、正确导向原则

正确导向原则是指在家庭教育中，家长应坚持以正确的价值观对子女的身心发展施加教育影响，使他们在正确价值观的引导下，超社会与家庭期望的目标成长。贯彻正确导向原则，要求做到：

1. 家长以正确的人生价值观为孩子的成长奠基

人生价值观是人们对人生的基本看法和基本观点，它包括人为什么活着，应该怎样活着，什么样的人生才是有意义的问题。父母的人生价值观对子女人生价值观的形成起着示范导向的作用，决定着子女成长的方向。因此，父母必须确定正确的人生价值观，才能对子女施加积极的影响，帮助他们抵制和克服消极因素，引导他们向正确的方向成长。

2. 家长以正确的教育导向对孩子实施良好的教育

家庭教育的目标是使子女成才，促进现代社会的繁荣与发展，并实现个人的志愿和幸福——这种家庭教育的基本价值取向就是目前我国家长应遵循的正确的教育导向，只有坚持这种家庭教育的价值取向，我国现代化建设才具有人才保障和动力源泉，家庭幸福和个人发展才能充分实现。

3. 家长应以民主型的教养态度和方式对待孩子

家长在教育子女的过程中，应相信他们的前途是光明的，与子女平等相处，关心他们的进步，注重耐心说服，循循善诱，这种民主型的教养态度和方式，才是顺应社会和时代发展的良好的家庭教育态度和方式。子女开朗热情、独立自主、智能优良、善于交际、开拓创造等良好的个性品质，都是家长导向正确，采用良好的教育态度和方式的结果。

知识链接

真正的教育，从来不是点石成金、立地成佛的技巧，而是一个春风化雨、自然无为的过程。就像一棵树摇动另一棵树，一朵云推动另一朵云，一个灵魂唤醒另一个灵魂。它没有声响，它只是让走在前面的人，做好自己的事，走好自己的路，然后，任由改变自然发生。

一个教育家说过，如果你想孩子成才，重要的不是去给他钱，而是让自己成为他的榜样。身教的重要性，100倍于言传。

三、以身作则原则

以身作则原则是指在家庭教育中，家长应以自己的实际行动、模范言行给孩子做出榜样，潜移默化地影响子女、教育子女。

有人说："孩子的心灵是一片奇怪的土地，播上思想的种子，就会获得行为的收获；播上行为的种子，就能获得习惯的收获；播上习惯的种子，就能获得品德的收获；播上品德的种子，就能得到命运的收获。"如果父母严格要求自己，做孩子的表率，努力培养孩子，就会为孩子的美好前程创造条件。

贯彻以身作则原则，要求做到：

1. 父母要严于律己

在家庭教育中，要求孩子言行端正、品德优良，父母必须从自己做起。比如父母在服饰、仪表或言行举止上既要讲究个人色彩，又要分清场合，掌握分寸，给子女以良好印象；父母在行为习惯上，应自觉遵守社会伦理道德和社会生活规范；父母在人格特征上，应有广博的兴趣爱好，健康、乐观的情绪，强烈的责任感和事业心，使孩子将父母做人的准则融入自己的心灵深处与个人性格之中。

2. 父母要言行一致，表里如一

在日常生活中，父母应言行一致，表里如一，绝不能做那种说一套、做一套，当面一套、背后一套的伪君子。"其身正，不令而行；其身不正，虽令不从。"家长要以身作则给孩子树立一个良好的榜样。

3. 父母要结合言传和身教。

中国古代孟母"断织"教子的故事流传至今，其中蕴含的言传与身教结合的寓意，尤其值得我们深思和学习。

四、启发诱导原则

启发诱导原则是指在家庭教育中，家长要承认子女在学习成长中的主动地位和独立人格，注意调动他们的积极性、主动性和创造性，引导他们自觉努力，以形成和发展良好的个性品质。贯彻启发诱导原则，要求做到：

1. 树立主体人格性观念

主体人格性是指在家庭教育过程中，必须以人为本，正确认识孩子在受教育过程中的主体地位，特别是要承认孩子的独立人格和尊严。贯彻启发诱导原则，首先要承认孩子的主体地位，只有这样，才能把孩子的积极主动性充分调动起来，才能使家庭教育的效果发挥出来。

2. 合理利用激励手段

启发诱导的重要手段是运用精神奖励、物质奖励、信息诱因、恰当期望等激励因素，激发子女的行为动机和为达到目标的意志行为。

3. 循序渐进，量力而行

凡是做父母的，都希望孩子早日成才，成为“出乎其类，拔乎其萃”的佼佼者。这种愿望是好的，是可以理解的。要想实现这一愿望，家长在培养教育孩子时，要从实际出发，量力而行；按照科学规律进行，不能操之过急，要循序渐进。如果“拔苗助长”，不但无益，反而有害。

五、教育一致性原则

教育一致性原则是指家庭教育应将来自各方的教育影响加以协调，使家庭成员的教育价值观、教育要求和手段、方法一致起来，前后贯通，从而保证子女的个性品质按照正确的培养方向发展。一致性包括两个方面：一是指在家庭教育中，长辈对孩子教育的目标、任务、内容、原则和方法应当有一致的认识，采取一致的态度、要求和做法；二是指家庭教育、学校教育和社会教育应协同一致、相互补充、相互促进。贯彻教育一致性原则，要求必须做到：

1. 家庭中长辈要思想统一，言行一致

家庭成员之间的教育目标和教育要求必须一致，家庭成员，特别是长辈对晚辈的教育在态度、要求、内容和方法上应力求一致，以便形成一种强有力的教育合力。

2. 父母必须主动配合学校教育和社会教育

对婴幼儿来说，家庭教育是主要的；而对青少年来说，家庭教育是基础，学校教育是主体，社会教育是辅助，三者共同构成磁场，使青少年受到良好的教育。为此，父母要理解家庭教育的社会制约性，理解家庭教育必须配合学校的主从关系，主动配合学校教育和社会教育，从而自觉地按照党和国家的教育方针、教育目标把子女培养成合格公民。

3. 在家庭生活中发挥养成教育的作用

家庭是人进行养成教育的最好场所，童年时期养成的动手能力和习惯，可以决定小学时的学习能力和与同学、老师交往的能力；从小养成的道德行为习惯，则能自动地迁移到未来的活动领域中去，决定其工作成效的大小。如果一个人从小未能受到良好的家庭教育，没有养成良好的习惯，错过了时机再来补救，是非常困难的。乌申斯基认为：教育的任务就是形成习惯，而性格是有天赋的倾向性以及从生活中获得的信念与习惯养成。

六、因材施教的原则

因材施教的原则是指家庭教育要针对教育对象的职业、个性特点等具体因素，采取和选择不同的教育方式方法，促进家庭成员特别是子女的个性发展。特别是父母对子女的教育，要从孩子的年龄、性格特点、生长发育状况等实际出发，根据孩子的个性差异和具体特点，有的放矢地实施不同方式的教育。贯彻因材施教原则，必须做到：

1. 全面深入地了解自己的孩子

著名教育家乌申斯基说过：如果教育学希望从一切方面去教育人，那么就必须也从一切方面去了解人。了解是教育的基础，家庭成员之间朝夕相处，父母对子女知之甚深，容易进行有效的教育，收到良好的效果。

2. 尊重孩子的个性特点，科学地实施教育指导

个性是指一个人经常表现出来的货币性和比较稳定的心理特征的总和。它包括个性倾向性如需要、动机、兴趣、信念、世界观，个性心理特征如能力、气质、性格两大部分。每个人都有其独特的个性特点，父母应对子女的个性给予正视和尊重，不能强制他们服从自己的意愿，抹杀、压制子女的个性。

3. 特殊孩子要特殊培养

对特殊人才进行特殊培养，这是因材施教的基本要求。心理学工作者的调查表明，智力是按正态曲线分布的，两头少，中间多，也就是说，智力超常和智力低常都是少数，正常智力者居多。为此，我们必须考虑智力超常和智力低常孩子的家庭教育特点，对他们实施特殊的教育，促使他们健康成长。

第三节　家庭教育的内容与方法

家庭女性应熟悉我国家庭教育的各项内容，结合自己的亲身实际，灵活运用环境熏陶法、说服教育法、榜样示范法、实际锻炼法、表扬奖励法、批评惩罚法等各种常用家庭教育方法与策略。

一、家庭教育的内容

家庭作为子女的第一所学校，其教育内容是多样的。现代教育家陈鹤琴先生在《家庭教育》一书中谈道儿童的家庭体育、家庭德育、家庭智育、家庭美育、家庭劳动教育都是每个家庭进行教育的内容，从古到今家庭教育所承担的任务和内容无一例外都是多方面的。

（一）家庭德育的内容

学龄前阶段儿童家庭德育的主要内容是进行道德启蒙和行为习惯的培养。主要是：尊敬师长、团结友爱、助人为乐、文明礼貌、讲究卫生、不打架、不骂人、诚实、勇敢、有错认错、知错能改等。

进入小学阶段后，孩子们的生活有两个突出的变化：一是以游戏为主转入以学习为主；二是家庭生活时间减少，集体生活时间增加。因此，针对小学生的年龄特征和生活学习的变化，应主要进行学习目的、热爱集体、关心集体、爱护集体荣誉、遵守纪律、尊重社会公德、热爱社会主义、热爱祖国、热爱人民、热爱劳动、尊敬老师、尊重同学等方面的教育。

进入中学阶段后，孩子们的思想进一步成熟，活动范围扩大，理解能力提高，有了一定的是非观念，世界观也开始形成。但是，青春发育期，是身心剧烈发展、心里矛盾重重的年龄阶段，处在这一阶段的孩子思想动荡较大，处于人生路途上的“十字路口”。因此，中学阶段孩子的思想品德教育成为家庭教育的主要任务。针对中学生的年龄特征和思想状况，应该特别着重对其进行热爱党、热爱社会主义、热爱祖国、遵纪守法、艰苦奋斗、吃苦耐劳等方面的教育。

知识链接

著名的软糖实验

20世纪60年代，著名的心理学家瓦特·米歇尔在斯坦福大学的幼儿园做了一个软糖实验：实验者给一群4岁孩子一粒糖果，说：“你可以随时吃掉。但如果能坚持等我回来后再吃，那就会得到两粒糖。”说完，他走了。有些孩子很快把糖吃了，也有些孩子坚持等到实验者回来，当然，他们得到了许诺的两粒糖。

对这些孩子进行跟踪研究，一直到他们高中毕业，发现在4岁时就能够为两粒糖果等待的孩子，具有较强的竞争能力、较高的效率及较强的自信心。他们能够更好地应付挫折和压力，并且具有责任心和自信心，普遍容易赢得别人的信任。而那些没有抵御住诱惑的孩子，抗挫能力、自控能力较差，在压力面前不知所措，做事效率较低，自信心和责任心都不强。

（二）家庭智育的内容

学龄前阶段家庭智育的内容是：①发展儿童各种感觉器官的能力，诸如视觉能力、听觉能力、口语表达能力等；②带孩子接触社会和大自然，开阔他们的视野，丰富他们的感性知识；③在日常生活和参加游戏的过程中，注意发展儿童的观察力、注意力、想象力和创造力；④通过看图画、唱儿歌、听故事等方式，培养他们的学习兴趣和对学习生活的向往；⑤在孩子接近入学的年龄段，使他们做好入学前的思想、行为习惯等各种准备。

进行早期家庭智育，要想取得理想的效果，必须注意科学性和全面性。既要传授知识，又要发展智力；既要发展智力，又要培养能力和注重品德教育，并且注重非智力因素的培养。进行早期家庭教育，不可方法简单、态度粗暴，要因人而异，从实际出发，不可强制开发或掠夺性开发，以免挫伤孩子学习的兴趣和积极性。

在孩子入学后，家庭智育的内容主要是帮助孩子明确学习目的，调动学习积极性和主动性，培养孩子良好的学习习惯和学习能力，鼓励孩子善于独立思考，勇于克服学习中的困难，争取良好的学习成绩；为孩子创造良好的学习环境和学习条件；对于学习有困难的孩子，家庭可以进行适当的辅导、帮助，但不可包办代替、“越俎代庖”，创造条件，支持孩子参加课外兴趣活动，开阔知识领域。

（三）家庭体育的内容

1. 孩子出生以后，根据家庭经济情况和孩子生理上的需要，加强孩子的物质营养，并科学地安排孩子的饮食结构。

2. 培养孩子良好的饮食习惯；不厌食，不挑食，不偏食，不暴饮暴食，要定量饮食。

3. 培养孩子良好的生活习惯：生活起居有规律，早睡早起，注意劳逸结合，不要过分疲劳。

4. 保证孩子的安全，防止或避免发生意外的伤害事故。排除容易伤害孩子身体的隐患，教给孩子自我保护的常识。

图 7-1　户外活动

5. 鼓励孩子参加户外活动，进行游戏、郊游和各种体育锻炼。体育锻炼应合理安排，全面锻炼，量力而行，坚持经常化教育。

6. 教育孩子讲究卫生，掌握疾病预防能力，生病时要及时治疗。

（四）家庭美育的内容

1. 指导孩子欣赏音乐、美术、舞蹈、文学等文艺作品的美。

2. 布置优雅的家庭生活环境，陶冶孩子的情操。

3. 给孩子穿着打扮要朴素、大方、美观，不要给孩子穿奇装异服。

4. 让孩子参加音乐、美术、舞蹈、文学创作等实践活动。

5. 带孩子接触大自然，欣赏大自然的美。

（五）家庭劳动教育的内容

1. 生活自理劳动。这是孩子应掌握的最基本的劳动。如一二岁的孩子可以让他学习自己用杯子喝水、用勺吃饭；三四岁时，可教会他穿衣穿鞋、系鞋带等；五六岁时就应该学习刷牙、洗手绢、洗袜子等；小学以后，整理自己的书包、床铺等都应是孩子的分内之事了。

图 7-2　学做家务

2. 家务劳动。孩子掌握一些家务劳动的最基本常识和本领，对他们将来独立生活能力的形成大有益处。家长从小就应该逐渐引导孩子学习摆餐具、扫地、取报纸、倒垃圾、择菜、擦桌子、浇花、洗衣、做饭等，促使孩子具有独立生活的能力。

3. 公益劳动。公益劳动可以形成孩子的社会责任感，培养孩子的爱心。因此，家长可鼓励上幼儿园的孩子积极参加教室的清扫活动；鼓励上中小学的孩子积极参加学校的大清扫、绿化、植树等公益劳动；鼓励孩子多参加助人为乐的“青年志愿者”活动等。参加各种公益劳动可以培养孩子助人为乐、无私奉献的精神和热爱劳动的品质。

知识链接

孩子多干点家务有助于智力水平提高

儿童教育学家中岛博士主张孩子应该干点家务活。他在3个城市和12个乡村中曾调查过361个各种类型的家庭，结果发现，凡是干家务活的孩子，其智力发展水平都较不干家务活的高，独立生活能力更强。据国际儿童机构的统计，世界各国儿童干家务活的，以美国家庭最多，干家务活的时间也最多。

中岛博士的研究表明，开发智力理应从训练孩子的感觉器官和运动器官入手，而干家务正是一种好的训练。干家务活可以在日常生活中使孩子有尽可能多的机会，通过视觉、听觉、触觉、味觉和嗅觉接受外界的各种刺激。这种刺激信息传入大脑，便可获得某种智能。干家务活还能从小训练孩子的运动器官，使动作、语言、技能等得到充分发展，促进大脑对各器官肢体的控制能力，使儿童的动作能力得到锻炼。

法国伟大的思想家卢梭说过这样一句话：“一个人小时劳动所获得的东西，比一天听讲解得到的要多。”人的大脑是思维的基础，光有这个基础还不行，不培养锻炼是产生不了思想和智慧的。从小让孩子干点家务活，可以使之不致成为享用现成知识的人，而成为有才能、有丰富创造力的人。

二、家庭教育的方法

我国家庭教育的方法体系，是由环境熏陶、说服教育、榜样示范、实际锻炼、表扬奖励、批评惩罚等具体方法构成的，家庭女性应对此有一定的了解。

（一）环境熏陶法

环境熏陶法即家庭生活环境熏陶法。它是指家长有意识地创设一个和谐、良好、优美的家庭生活环境，使子女在其中受到潜移默化的影响，以培养子女优良的思想品德、高尚的道德情操和良好的行为习惯。我国“孟母三迁”就是一个典型案例。

在家庭教育中实施环境熏陶法要做到：

1. 安排好家庭经济生活；
2. 美化家庭生活环境；
3. 创设和谐的家庭生活；
4. 提高家庭的文化道德素养，追求高尚的精神情趣。

（二）说服教育法

说服教育法是通过摆事实、讲道理等方式对子女施以影响，提高他们辨别是非能力和思想认识，培养他们良好的道德品质以形成正确行为规范的教育方法。

在家庭教育中实施说服教育法要求学会运用：①谈话法；②讨论；③书信。

（三）榜样示范法

榜样示范法是指家长和别人的好思想、好言行成为教育和影响子女的一种形象、具体、生动的家庭教育方法。

在家庭教育中实施榜样示范法要求做到：

1. 家长要亲自给子女树立榜样；

2. 借助革命领袖、英雄模范、历史上的伟大杰出人物和文艺作品中的正面典型形象教育孩子；

3. 引导孩子向周围的老师、同学等普通人学习。

（四）实际锻炼法

实际锻炼法是指根据子女自身的发展和社会需要，家长有意识地让子女参加力所能及的实践活动，从中锻炼思想，增长实际才干，培养子女优良的品德和行为习惯的方法。

在家庭教育中实施实际锻炼法要求做到：

1. 提高孩子对实际锻炼意义的认识，调动孩子自觉锻炼的积极性；

2. 鼓励孩子克服困难，不怕挫折和失败，坚持到底；

3. 实际锻炼要持之以恒；

4. 正确对待孩子实际锻炼中出现的失误；

5. 从孩子的身心特征和实际能力出发，量力而行。

（五）表扬奖励法

表扬奖励法是对孩子的好思想、好行为给予积极的、肯定的评价的家庭教育方法。通过表扬奖励，使孩子明确自己的优点、长处，以便孩子巩固、发展自己的优点、长处，这是家庭教育一种常用的方法。表扬奖励的具体方式有赞许、表扬和奖赏。

在家庭教育中实施表扬奖励法要求做到：

1. 表扬奖励要实事求是，恰如其分；

2. 要及时表扬奖励，不能事过太久；

3. 以社会奖励为主，物质奖励为辅；

4. 给予物质奖励不要事先承诺；

5. 给予物质奖励要结合说服教育。

（六）批评惩罚法

批评惩罚法是指家长对孩子的不良思想、行为、品德给予否定评价的家庭教育方法，其教育作用在于使孩子认识自己思想、行为、品德上的错误，促使其克服、纠正和根除不良的思想、行为和品德。

在家庭教育中实施批评惩罚法要求做到：

1. 端正批评和惩罚孩子的目的；

2. 批评和惩罚必须公正合理，恰如其分；

3. 批评要讲究方式方法；

4. 惩罚不是体罚；

5. 正确对待和运用“自然后果惩罚”。

第四节　不同年龄段个体的家庭教育

从胎儿至青年的发展过程中，不同年龄阶段的个体有其不同的特点，家庭教育方式必须根据不同年龄特点、不同发展水平、不同个性特征而定，才更有目的性和针对性，才能产生良好的教育效果。本节学习后应掌握胎教与优生的概念，以及胎教的具体方法，熟悉婴幼儿期、儿童期、青少年期等不同年龄阶段个体的身心发展特点，能结合不同年龄阶段个体身心发展的特点，灵活运用有关家庭教育的策略与方法。

一、胎教与优生

（一）胎　教

胎教是指根据胎儿发育的不同阶段和生命特征，通过调节母体孕育的内外环境，促进胎儿中枢神经系统释放神经递质及内分泌物质，使生物化学和生物物理环境相互渗透，干预胎儿的大脑发育，启迪智能，改善胎儿的生命素质，以促进胎儿的健康发育成长。我国是世界上最早提出并实施胎教的国家。目前，国内外广泛采用的胎教措施主要有以下几种：

1. 音乐胎教法

主要是以音波刺激胎儿听觉器官的神经功能，从孕 16 周起，便可有计划地实施。每日 1～2 次，每次 15～20 min，选择在胎儿觉醒有胎动时进行。一般在晚上临睡前进行比较合适，可以通过收录机直接播放，收录机应距离孕妇 1 m 左右，音响强度在 65～70 分贝为佳。在胎儿收听音乐的同时，孕妇亦应通过耳机收听带有心理诱导词的孕妇专用音频，或选择自己喜爱的各种乐曲，并随着音乐表现的内容进行情景的联想，力求达到心旷神怡的意境，借以调整心态，增强胎教效果。

2. 抚摸胎教法

孕妇本人或者其丈夫用手在孕妇的腹壁轻轻地抚摸胎儿，引起胎儿触觉上的刺激，以促进胎儿感觉神经及大脑的发育，这种称为抚摸胎教。抚摸胎教可以安排在妊娠20周后，每晚临睡前进行，并注意胎儿的反应类型和反应速度。抚摸从胎头部位开始，然后沿背部到臀部至肢体，轻柔有序，抚摸时间不宜过长，以5～10 min为宜。抚摸可以与数胎动结合进行，并且将情况记录在胎教日记中。

3. 触压、拍打胎教法

孕24周以后，可以在孕妇腹部明显接触到胎儿的头、背和肢体。自此时开始，每晚可让孕妇平卧床上，放松腹部，使胎儿在“子宫内散步”，做“宫内体操”。这样反复的锻炼可以使胎儿建立起有效的条件反射，并增强肢体肌肉的力量。经过锻炼的胎儿，出生后肢体的肌肉强健，抬头、翻身、坐、爬、行走等比较早。但要记住，一旦胎儿出现踢蹬不安时，便应立即停止刺激，并轻轻抚摸，以免发生意外。

4. 光照胎教法

胎儿的视觉较其他感觉功能发育慢。孕27周以后，胎儿的大脑才能感知外界的视觉刺激；孕30周以前，胎儿还不能凝视光源，直到孕36周，胎儿对光照刺激才能产生应答反应。因此，从孕24周开始，每天定时在胎儿觉醒时用手电筒作为光源，照射孕妇腹壁胎头方向，每次5 min左右，结束前可以连续关闭、开启手电筒数次，以利胎儿的视觉健康发育。但切忌强光照射，同时照射时间也不能过长。

5. 语言胎教法

孕妇或家人用文明、礼貌、富有感情的语言，有目的地对子宫中的胎儿讲话，给胎儿期的大脑新皮质输入最初的语言印记，为后天的学习打下基础，这种称为语言胎教。据医学研究证实，如果父母经常与胎儿对话，能促进其出生以后在语言及智力方面的良好发育。

（二）优生——健康后代的基础

优生是指运用现代生物学、医学、遗传学、社会学等多方面的科学知识，避免孩子受遗传病的影响，使胎儿在母体内发育时和出生时都能得到很好的照顾，生育出健康后代。

在我国，优生是一个事关全社会大局的大问题。它不仅关系着家庭幸福、我国下一代的健康成长，还关系着我国人口的素质状况和国家、民族的兴旺发达。

根据现代医学和遗传学的要求，要实现优生，必须做到以下几个方面：

1. 绝对避免近亲结婚。直系血亲及三代旁系血亲之间不能婚配。

2. 重度遗传智力低下者，如先天愚型、重度克汀病、精神分裂症及躁狂抑郁性精神病患者，不宜结婚和生育。这些病在下一代中的发病机会占57.8%～68.1%。

3. 双方家系中患有相同遗传性疾病者不能结婚和生育。

4. 男女任何一方患有常染色体显性遗传病，如进行性营养不良、先天形成骨不全、遗传性致盲眼病，不宜生育。

5. 婚配双方都患有相同的常染色体隐性遗传病，如全身白化病、垂体性侏儒症、小儿畸形、血友病、全色盲、先天性聋哑者，不宜生育。

6. 有伴性遗传病，如色盲、血友病患者，应控制所生子女性别。女性携带者与正常男性婚配，怀孕后应做出产前诊断，判定胎儿性别，女胎无病可以保留，男胎会患病，应终止妊娠。

7. 生育年龄，现代医学认为，妇女 24～29 岁生孩子最好。35 岁以上的孕妇为高龄孕妇，这个年龄组生的孩子，先天性畸形和呆傻儿发生的概率会增加。

8. 妇女患有严重的内科疾病，治疗效果不好或不可能控制者，均不宜生育。

9. 为实现优生，孕妇应尽力避免受到外界不良环境的影响，包括生物因素（如病毒、细菌）、物理因素、化学因素、毒素、农药、营养因素等。

10. 定期进行产前检查，如发现胎儿先天异常或先天畸形，应终止妊娠。

11. 满足孕妇充分的营养，实施科学生产等。

二、婴幼儿期家庭教育

（一）婴幼儿期身心发展的主要特点

0—3 岁婴儿的身心发展特点：婴儿期即从出生到大约 3 岁，是个体神经系统结构发展的重要时期。儿童身高和体重均有显著增长，遵循由头至脚、由中心至外围、由大动作至小动作的发展原则；逐渐掌握人类行为的基本动作；语言迅速发展；表现出一定的交往倾向，乐于探索周围世界；逐步建立亲子依恋关系。

4—6 岁幼儿的身心发展特点：4—6 岁是儿童身心快速发展时期。具体表现在：儿童的身高、体重、大脑、神经、动作技能等方面获得长足的进步；大肌肉的发展已能保证儿童从事各种简单活动；儿童直觉行动思维相当熟练，并逐渐掌握具体形象思维；儿童词汇量迅速增长，基本掌握各种语法结构；儿童开始表现出一定兴趣、爱好、脾气等个性倾向以及与同伴一起玩耍的倾向。

■ 知识链接 ■

心理学研究的重大发现

心理学研究结果发现，每个孩子身上都有自控力和主动性“两颗种子”。孩子成长最理想的状态，就是两颗种子都饱满地、和谐平衡地得到发展。

第一颗种子的核心品质是自我控制力，是控制自己，按照外界环境提出的要求，学习社会期望的知识、技能，完成成人要求的任务的能力；

第二颗种子的核心成分是主动性和创造性，是出于个人内在兴趣、动机和愿望，自发地做自己喜欢做的事情的能力。

（二）婴幼儿期家庭教育策略

在人身心发展的基础性阶段，根据身心发展的特点，有针对性地实施家庭教育，会更好地将生育、养育、教育结合起来，可以尽早培养孩子良好的习惯，开启孩子的心智，锻炼孩子的能力，为孩子的成长和成才创造条件。

1. 帮助新生儿顺利适应社会生活

对于新生儿期的孩子，父母的教育任务就是精心照料他们，使他们尽快适应从母体胎内到胎外两种完全不同的生活方式，进入快速的生长发育时期。新生儿不需要特别的教育，父母最重要的工作是保证新生儿的睡眠和营养的需要。

新生儿的主要任务在于：对一种新环境在生存方式上的适应、产生的休整和疲劳的消除。因此，新生儿都显得特别贪睡。最初几天，白天清醒的时间平均每小时大约为 3 min，夜晚更少一些。即使到了第二个月，也只能达到平均每小时6～7 min。婴儿出生后头几个月的发展在很大程度上是自然进行的，只要他们能得到正常的爱护和关怀，以及在身体上的悉心照料，其他方面依赖自然，婴儿就可以顺利地得到发展。对新生儿来说，最合适的营养莫过于母乳，它不仅是新生儿最理想的营养，而且可以增强婴儿对疾病的抵抗能力和增强母子间的感情联结。

2. 培养孩子良好的习惯

（1）良好的饮食习惯。家庭中给婴幼儿调配饮食的原则是饭菜多样化，组成“平衡膳食”，使食物供应营养物质基本上能满足婴幼儿对各种营养的需求。父母要教育孩子从小养成不挑食、不偏食的良好习惯。同时，培养孩子养成细嚼慢咽、一日三餐、定时就餐等良好的饮食习惯。

（2）良好的睡眠习惯。首先，要保证睡眠时间。婴幼儿神经系统发育尚未完善，大脑皮层的神经细胞耐力小，容易疲劳，需要睡眠的时间长。其次，应为婴幼儿创设良好的睡眠条件。最后，养成正确的睡眠姿势和按时入睡的好习惯。正确的睡眠姿势是右侧卧。

（3）良好的排泄习惯。养成孩子每天定时大小便的习惯，而且每次大便时间不要过长。同时，养成饭前便后认真洗手，定时洗头洗澡等生活习惯。

3. 重视与孩子的早期交往

婴幼儿获得知识、发展智力需要丰富的人际交往环境，母亲是第一个与孩子接触的家庭成员，母亲就应利用哺乳的机会与孩子进行情感语言交往。在抱孩子、喂孩子及照料的过程中，应伴以愉快的表情、温柔的声音，加强母子交往，建立依恋情感。当孩子大一点时，利用帮他穿脱衣服的机会进行语言交流，让他开始听一些有关自己身体部位的词，鼓励孩子学习这些词及相关动作，在交往中逐步培养孩子的独立性和自理生活的初步技能。

4. 让孩子在游戏中学习和发展

由于孩子好奇、好问的特点，游戏成为婴幼儿最喜欢、也最能促进身心发展的活动。孩子在玩中学比呆板枯燥的“你教他学”效果要显著。孩子在多种多样的游戏中可以轻松愉快地获得知识，发展智力，学习良好的道德品质，促进身心健康发展。父母应当为孩子创造游戏环境，提供玩具，鼓励孩子游戏，多和孩子一起玩。

5. 加强对孩子第一次“心理断乳期”的认识和教育

在个体成熟的过程中，要经历两次心理断乳：第一次心理断乳发生在2～3岁之间，即婴儿期向幼儿期过渡。第二次心理断乳期发生在13～14岁之间，即童年期向少年期的过渡。其共同之处在于个体具有强烈的反抗意识，孩子变得非常任性、固执，出现逆反心理，这给孩子的抚养和教育带来极大的困难。在这两个阶段如果未能引导和教育好孩子，就会使孩子形成影响其一生的坏脾气。幼儿到了2～3岁左右就会出现一些明显的倾向，即经常表现出探索行为，在探索过程中自尊心迅速高涨，幼儿迫切地要表现自己，因此要求自主成为这个时期幼儿生活中自我意识的显著特征。正确对孩子实施第一次“心理断乳期”教育，才能帮助孩子顺利度过这一成长的关键时期，为其形成良好的个性打下基础。

三、儿童期家庭教育

（一）儿童期身心发展的主要特点

7～12岁是整个儿童期十分重要的发展阶段。该阶段的儿童身心发展特点主要体现在：儿童身高和体重处于比较迅速的发展阶段；外部器官有了较快发展，但感知能力还不够完善；儿童处于从以具体的形象思维为主向抽象的逻辑思维过渡阶段；情绪情感方面表现得比较外显。

（二）儿童期家庭教育策略

1. 合理安排家庭生活作息时间，保证儿童正常顺利学习

孩子入学后，生活方式和活动内容发生了很大的变化，父母必须为孩子重新安排适应小学生活的作息制度。孩子由原来适应幼儿园的生活习惯，改变成适应小学的生活习惯。

（1）睡眠是小学生作息制度中最重要的环节。

（2）安排好小学生课外作业的时间。

每个家庭应根据自己的具体情况，固定一个比较合适的时间，以保证儿童每天按时完成作业，使学习成绩稳步提高。比较理想的是儿童放学后应立即回家，不在途中逗留玩耍，到家后稍加休息便开始做功课。应当尽力培养这样一种习惯，即对完成的全部作业，应由儿童认真检查，发现错误自己及时纠正。作业完毕才能游戏。

2. 培养儿童良好的学习习惯，正确对待孩子的学习成绩

（1）为孩子安排符合科学要求的学习位置。父母为儿童安排科学的学习位置时需要细致考虑：第一，光线要充足。第二，桌椅比例要合适。第三，书写姿势要正确。第四，学习环境保持安静，不受外界干扰。

（2）激发孩子的学习兴趣。兴趣是学习的基础，是掌握知识、培养能力的起点，是引起孩子学习主动性的重要因素。对这一时期的孩子来说，浓厚的学习兴趣比掌握更多一点的知识具有更为重要的意义。孩子一旦对学习失去兴趣，以后的学习将变得困难和枯燥，必将影响学习任务的完成。因而，家长必须十分重视对孩子学习兴趣的保护与培养。

（3）教给孩子正确的学习方法。第一，学会使用工具书；第二，学会使用辅助材料；第三，学会阅读课内和课外学习材料；第四，学会预习和复习。

（4）启发孩子学会独立思考。孩子每天学习、写作业遇到难题是常见的事，给孩子一点时间，让他独立思考，这正是训练孩子思维、培养孩子独立思考能力的时机。家长要相信孩子有自觉的独立学习的能力，父母尽量不陪孩子学习，不代替孩子做作业或代替检查作业，要鼓励孩子独立学习、独立解决问题。实际上，学习兴趣、独立思考的学习习惯和学习成绩是紧密相关的。

（5）正确对待孩子的学习成绩。父母恰如其分地关心和赞扬孩子的学习，或根据孩子的具体情况提出稍高的又是孩子经过努力能够达到的要求，会极大鼓励儿童学习的兴趣和求知欲望以及探索精神。著名心理学家王极盛教授曾对我国四十名高考状元追踪调查发现，高考状元的家长在对待孩子学习成绩时经常说一句话："孩子，只要你尽力就行了。"

3. 注重孩子良好生活习惯的养成

良好的生活习惯对一个人来说是极其重要的，家长应该把培养孩子良好的生活习惯作为家庭教育的着力点。大量事实充分表明，品德高尚的人，一定是具有良好生活习惯的人。成绩优秀的学生，一定具有良好生活习惯和学习习惯。因此，无论家庭教育还是学校教育，培养良好的生活习惯是关键。

知识链接

"天才"首先要全面发展

卡尔·威特是德国哈雷近郊洛赫村的牧师，对教育富有独特的见解。他认为孩子的教育必须与孩子的智力发展同时开始，并用自己的理论实践于自己的儿子卡尔·威特，使之成为传奇般的"天才"。

在小威特学有所成后，人们开始议论起老威特培养孩子的动机。如有人认为他是在用造就学者的目标来教育孩子；还有的则更赤裸裸，以为他是想造就一个神童而一鸣惊人。老威特对此感到委屈不已，认为这是对他教育目的的误解。下面摘录他在书中的论述，有助于我们更全面地理解儿童早期教育与孩子正常发育的关系：

"我只是想把儿子培养成全面发展的人才，所以才挖空自己仅有的一点智慧，在不影响工作的情况下，尽力把他培养成健全的、活泼的、幸福的青年。

"我喜欢身体和精神全面发展的人。以我儿子为例，每当我看到儿子只热衷于希腊语、拉丁语或者数学时，就立即想办法纠正他这种倾向。

"人们以为我只是热衷于发展儿子的大脑，这是错误的。我不喜欢没有爱好和常识的人。我和妻子同心协力培养儿子在常识、想象力和爱好等方面的能力。我还努力培养儿子的情操和情感，使他具备高尚的道德和爱憎分明的品质。”

四、青少年期家庭教育

（一）青少年期身心发展的主要特点

13～15岁儿童身心发展特点：13～15岁的青少年正处于告别幼稚、走向成熟的过渡时期，即青春期。青春期的青少年面临着生理和心理上的“巨变”：各项身体指标接近于成人；性激素分泌大大增加，性萌发与成熟；感知觉能力不断提高，能有意识地调节和控制自己的注意力；逐步采用有意记忆的方法，其抽象逻辑思维日益占据主要地位；自我控制能力有了明显的发展，情感不再完全外露，但情绪还不稳定、易冲动。

16～18岁儿童的身心发展特点：16～18岁的青少年经过青春期的迅速发育后进入相对稳定时期。其身体生长主要表现在形态发育、体内器官的成熟与机能的发育、性生理成熟等方面；在认知方面，认知结构的完整体系基本形成，抽象逻辑思维占据优势地位；观察力、联想能力等迅速发展；情绪情感方面以内隐、自制为主，自尊心与自卑感并存；性意识呈现身心发展不平衡的特点。

（二）青少年期家庭教育策略

青少年时期是人的身心变化最大，由幼稚走向成熟的关键时期。家庭教育的任务就是要根据青少年身心发展的规律，抓住青春期成长的关键点，因势利导地做好孩子成长中的教育和疏导工作。这对于子女健康成长、家庭幸福和社会稳定，都有重大的意义。

1. 确立理想信念的教育

青少年时期，人的身心发育逐步成熟，认识水平不断提高，参与社会生活的能力增强，其思想意识也趋于稳定，对世界、人生的根本看法也基本形成。因此，帮助孩子树立科学的人生观和世界观，找对人生的前进目标就是家庭教育首要的任务。

2. 塑造完美人格的教育

现代社会需要情操高尚、意志坚强、个性强烈、富于创新、人格独立的人才。在孩子性格形成的青少年时期，要培养孩子具有高尚的道德情操、强烈的独立意识和能力、坚强的意志力、刚强的性格、富有创新精神等优秀品质。这是塑造孩子成为具有完美人格的人的重要环节。

在孩子逐渐懂事、实践范围日益扩大的青少年时期，注重加强对孩子人格的塑造，意义十分重大。人格塑造并非一日之功，它要靠数年甚至更长时间的磨炼和积累。在孩子可塑性很强的年龄，父母要坚持不懈地对孩子进行教育，刚毅、吃苦耐劳、独立思考、与人友好相处等良好个性的养成，都会成为孩子完美人格形成的基石。

3. 挖掘智能潜力的教育

婴幼儿时期的教育，是成人和成才教育的奠基；青少年时期的教育，则是成人和成才教育的关键。青少年时期是人学习的黄金时期，对于大多数人来说，只有这个时期才能做到全身心投入学习，将学习作为主要任务，并且能获得最多的知识积累。而智能的开发是人成才的基础，是人才的价值所在。父母要努力发现、挖掘孩子的优势，对其进行重点培养。因此，家庭教育只有很好地与学校教育、社会教育相结合，将孩子智能潜力开发在突出的位置，才能为孩子今后的成才打下良好的基础。

4. 处理社会交往的教育

少年时期是孩子最早接触社会，独立与人交往，解决一些人生问题的转折期，要让孩子成熟起来，顺利地跨入社会，家庭教育必须对孩子应如何与人交往给予指导，让他们学会交往，能正确处理交往中遇到的问题。

5. 解决青春期烦恼的教育

在青春期转变过程中，由于内外环境的改变，孩子容易呈现出众多的不适应，从而衍生出许多焦虑和烦恼。第二次“心理断乳期”是在少年到青年期出现的一种心理状况。由于这时孩子成人感产生，独立意识增强，要求从心理上脱离父母的依赖，出现了“心理断乳”，表现出对父母的反抗，又称为“第二反抗期”。父母必须适应这种“形势”，正确对待与处理同子女的关系，帮助子女顺利渡过这一关键时期。父母要着力解决好孩子性意识发展的困惑、对自我关注的烦恼、人际关系的烦恼、前途的烦恼。由于生理、心理的巨大变化和正处在成人的转折点上，再加上社会环境的影响，青少年时期的教育难度很大，也是家庭教育的重点和难点。

思考与训练

1. 家长的教养方式有哪些类型？不同的教养方式对家长的教育行为及儿童发展有怎样的影响？

2. 结合自己的经验和体会，谈谈你对家庭教育所遵循的基本原则的认识和理解。

3. 结合自己的体会，谈谈你对家庭教育方法的认识和理解。

4. 结合自己的体验，谈谈如何针对不同年龄阶段个体身心发展的特点，灵活地运用家庭教育策略与技巧。

5. 在你的成长过程中你觉得父母对你影响最深远的是什么？你愿意用同样的方式去影响你将来的孩子吗？为什么？

6. 假设你现在是孩子的父母，遇到了下面的情况，你会怎样处理?

(1) 你的儿子两岁半，和邻居小朋友佳佳一起玩时，咬了人家的手，因为佳佳吃掉了他的那份点心。

(2) 儿子小威 5 岁，好动而且容易“人来疯”，一兴奋就会忘乎所以，不守规矩，你要带他去一个同事家参加聚会。

(3) 你给了 8 岁的女儿芳芳 5 块钱，叫她去买盐。过了半小时，你已经等得着急了，芳芳才垂头丧气地空手回来了，告诉你钱丢了。

(4) 女儿小美 15 岁，一向很乖巧。有一次约了同学到家里玩。你提醒她不要大声喧哗，因为你在家赶写一份工作报告。女孩子们开始还很克制，一开心就忘了形，笑闹声响得简直能把房顶掀翻。

(5) 儿子小伟上初二，开学初有一次写作文时通篇不打一个标点符号。你知道这是他故意搞的恶作剧。

第八章 女性与家庭文化

学习目标

1. 了解家庭文化的含义及特征；了解家庭待客礼仪及日常化妆礼仪；了解家庭休闲的主要方式；了解中国茶文化及学习型家庭的含义及特征。

2. 理解女性在家庭文化建设中的作用；理解构建和谐邻里关系的重要性；理解家庭休闲的重要意义；理解学习型家庭创建的意义。

3. 理解家风在家庭文化建设中的作用；掌握如何在家庭建设中注重家风文化的构建。

4. 掌握家庭日常接待礼仪、化妆礼仪和称呼礼仪；掌握家庭休闲方式的合理运用；掌握行茶的程序和学习型家庭构建的途径。

5. 能够在家庭文化建设中发挥女性优势；能够合理地运用家庭礼仪构建和谐邻里关系；能够根据现代家庭特点科学选择休闲方式；能够创建学习型家庭。

家庭文化作为一种文化现象，是人类文化的重要组成部分，有着十分丰富的内容。家庭文化建设是人们追求高质量生活的必然要求，是中华民族精神文明建设的重要组成部分。目前，在家庭文化建设中，女性肩负着重要的责任，女性是新时代家庭文化建构的重要参与者、实践者、推动者。因为女性在家庭中不容置疑的主导作用决定了她们在家庭中的巨大影响力，她们在很大程度上决定着一个家庭是否幸福、和谐，是否积极向上。

第一节 家庭文化概述

家庭文化活动是社会主义精神文明建设的有效载体。它融思想性、知识性、趣味性、艺术性为一体，生动活泼、寓教于乐，家庭女性了解家庭文化相关的知识能提高家庭成员的思想道德素质和科学文化素质，营造欢乐幸福的家庭生活氛围。

一、家庭文化的含义及特性

（一）家庭文化的含义

家庭文化是指家庭的物质文化和精神文化的总和。家庭文化是建立在家庭物质生活基础上的家庭精神生活和伦理生活的文化体现，既包括家庭的衣、食、住、行等物质生活所体现的文化色彩，也包括文化生活、爱情生活、伦理道德等所体现的情操。由于家庭的多样性，家庭文化也具有独特的不可复制性。这种特征使得家庭文化的产生与发展都有着因家庭而异的差异性。

（二）家庭文化的特性

1. 家庭文化的时代性

家庭受时代的影响，每个家庭都带有强烈的时代烙印。比如中国封建社会的家庭，就带有浓厚的封建主义色彩。比如大家都很熟悉的巴金先生的名著《家》就描述了一个具有浓厚的封建主义色彩的家庭。

2. 家庭文化的社会性

东方社会和西方社会的家庭就有明显的民族、区域差别，从思想方式、行为方式、服饰、饮食到家居布置等，都明显地存在差异。比如西方社会比较注重对孩子个性和独立能力的培养，尊重孩子自己的意愿和选择；而东方社会更注重对孩子的关心，有些时候甚至是包办代替。

3. 中国特色社会主义家庭文化

中国特色社会主义家庭文化，是指在社会主义先进文化的指导下，继承和发展中国传统家庭美德，吸收当代先进思想，形成具有中国特色的家庭文化。中国特色社会主义家庭文化是属于人民的文化，是贴近人民生活的最现实的文化，也是我国 4 亿多家庭存在和发展的文化现象。

二、家　风

有家庭就一定有家风，家风是社会风气和家庭文化建设的重要组成部分，家庭不只是人们身体的住所，也是人们心灵的归宿。家风好，就能家道兴盛、和顺美满；家风差，难免殃及子孙、贻害社会，正所谓“积善之家，必有余庆；积不善之家，必有余殃”。诸葛亮的《诫子书》《颜氏家训》《朱子家训》等，都是在倡导一种家风。毛泽东、周恩来、朱德等老一辈革命家都高度重视家风。良好的家风培育人，它培育美好的种子，人从家里边把这颗种子又带到了更广阔的领域，影响到更多的人，从而营造出更和谐、更美好的社会风气。

（一）家风建设的重要性

首先要了解什么是家风。关于家风的定义，大家比较认可的是：家风指的是“门风”，是家庭或者家族世代延续下来的生活作风、风尚，也是一个家庭的风气，是给后人树立的价值观。好的家风具有教育性，在家庭中，家长是最好的教师，也是无形的教师，通过调查可以发现，家风更严谨的家庭，对孩子的影响也更深刻，有很多民族精神、做人的道理、知书礼仪，都是从家风中汲取出来的。例如从“读书志在圣贤，非徒科第，为官心存君国岂计身家?”的家训中可以看到国家大义，从“勿以恶小而为之，勿以善小而不为”的家训中可以看到做人的真谛，从“一粥一饭，当思来处不易，半丝半缕，恒念物力维艰”的家训中可以学习到生活上要勤俭节约。家风是我们从哪里来的根，家风是我们到哪里去的魂，家风是一种情怀，家风是一种积淀，家风是一种信仰，家风是中华文明的璀璨明珠。

（二）加强家教家风建设的策略

1. 重视家风建设

家风的建设是一个十分严肃的事情，需要每一个家庭成员共同努力，营造出一个良好的家庭环境，并且每个人都要去遵守相应的规则。在家教家风建设过程中，有很多古代的思想观念都可以作为家教家风建设的素材。比如我国古代的很多道德礼仪，如上下尊卑、伦理有序等，这些观念还可以继续保持下去，让小孩子在家中可以做到尊重他人，尤其是小孩子与隔代亲人相处时，很容易出现一些不尊重长辈的行为，一方面与外部环境有关，另一方面也与父母的教育有关。在家中，对自己的父母更孝顺、更尊重，这样才能让孩子也能尊重自己的爷爷奶奶，并且将这种尊重的习惯延伸到其他事情上，保持自觉性，渐渐形成良好的性格特点。

2. 家庭成员以身作则

家教家风不是说出来的，而是努力做出来的，在日常生活中就要注重家教家风的建设。比如当父母与孩子一起外出时，遇到孩子喜欢乱摸东西，甚至是拿起自己喜欢的东西就走的情况，家长就可以给孩子做出良好的教育。当孩子对外界表现出好奇的时候，父母可以停下来与孩子交流，教孩子认识世界上的一些新奇的东西，但是给孩子讲完之后，就要告诉孩子，这不是属于自己的东西，只有属于自己的东西才可以带走，这样就可以慢慢在孩子的脑海中形成一个正确的认知观念，这样不仅没有压抑孩子好奇的天性，还做到了品德教育。

3. 建立和谐的家庭关系

和谐的家庭关系有助于孩子健康成长。良好的家教家风建设基于和谐的家庭关系基础之上，在家庭教育中，首先要建立和谐的家庭关系，家庭成员之间要保持相亲相爱的状态，并且也要对孩子表现出更多的关心和爱护，营造民主的环境，多给孩子说话的权利，听孩子的心声，渐渐走进孩子的内心。

4. 注重方式创新

在开展教育的时候也不能一味地进行理论教育，应该针对孩子的个性特点，不断创新教育方式，让家教家风建设变得更加生动有趣。比如可以在家中开辟一面“家风涂鸦墙”，或者由父母和孩子一起制作一本“家风漫画”，将家风写在涂鸦墙上，画进漫画里，小孩子的想象力和创造力十分丰富，这些有趣的方式可以激发孩子的兴趣，使孩子的思想和行动高度统一。

三、女性发展与新时代家庭文化建构

在新时代家庭文化建构进程中，女性的作用不可或缺，她们是这一过程的重要参与者、实践者和推动者。

（一）女性与良好家庭氛围的营造

从家庭文化的较深层面来剖析，它包含着家庭成员的价值观，判断是非的标准以及家庭伦理道德等内容，而这一切无不与家风有关。从一个新的家庭诞生之日起，女性作为家庭中的主要成员，无时无刻不在以自身的举止、言行、观点对家风的形成起着潜移默化的作用。其显性的表现为对婚姻做何种价值判断，对子女的教育取向，对家庭事务处理的道德标准及所信奉的伦理观念等方面。作为家庭文化建设当中无形的这一部分，如想使其有健康向上发展的趋势，女性就应通过丰富知识、增进修养来完善自身，进而在家风形成的过程中起积极的作用，以身教为子女做出榜样，以言谈在家庭中弘扬做人的行为规范，使家庭这一社会的细胞，在社会主义精神文明的建设中，与社会同步并起到良好的配合作用。

（二）女性与家庭文化消费

家庭文化建设不仅依托着一定的物质基础，而且需要一些物化的东西来体现、表达、进行及发展。这其中，广泛使用且简单易行的办法是旅游、读书和看电影。中华民族的文明史相当长，人们的收入也在不断增加，但在很多人看来，当今的国民并未形成爱读书的风气，我国报刊书籍的人均占有率是相当低的，家庭用于文化消费的比例在家庭的总体消费中，平均只有3%左右。当然，这一比例只能说明家庭文化建设的一个侧面，但如缺乏这方面的基础建设，家庭文化建设当中的一些内容就很难推进及实现。

（三）女性的文化取向对家庭成员的影响

女性在家庭文化生长中有着举足轻重的作用。智慧的女性知道与时俱进的重要性，不管是在工作中还是在生活中，总是善于捕捉新信息，不断学习，和世界保持同步。一个家庭中，女主人的故步自封、停步不前，最容易让一个家庭陷入平淡和乏味，家庭文化的花朵也会因为缺少滋养而枯萎。而作为母亲，她的善学会给子女做出榜样；作为妻子，她的善学会给丈夫提供动力。

第二节　家庭礼仪文化

家庭礼仪，指的就是人们在长期的家庭生活中，用以沟通思想、交流信息、联络感情而逐渐形成的约定俗成的行为准则、礼节和仪式的总称，是整个社会礼仪的基础元素。它在现代社会生活中发挥着重要的作用，是维持家庭生存和实现幸福的基础，能使家庭成员之间达成和谐的关系。家庭礼仪也有助于社会的安定、国家的发展。现代女性以其智慧和素养在家庭生活中扮演着多重角色，是家庭的核心。

一、家庭日常待客与访客礼仪

（一）待客礼仪

1. 迎客的礼仪：如果你事先知道有客人来访，要提前打扫门庭，以迎嘉宾，并备好茶具、烟具、饮料等，也可根据自己的家庭条件，准备好水果、糖、咖啡等。客人在约定时间到来，应提前出门迎接。客人来到家中，问候寒暄，见到客人要面带微笑，要热情接待。如在家中穿内衣、内裤，应换便衣，即使是十分熟悉的客人，也应换上便衣。家庭接待的服饰应是具有一定档次的休闲装，这样显得比较亲切、随和。

2. 敬茶礼仪：在给客人上茶时要上热茶，茶以七分满为最佳，常言待客要“浅茶满酒”。所谓浅茶，即将茶水倒入杯中三分之二为佳。同时注意上茶的顺序：先客人后主人，先主宾后次宾，先女士后男士，先长辈后晚辈。

3. 如何安排客人就座：当晚餐准备就绪，在没有助手的时候，第一道菜（如果不是热菜）应当提前摆在桌上，这样女主人就可以和客人一起入座。如果人不多，女主人可以高声宣布开始用餐，人比较多的时候，可以让来宾相互通告入座。

4. 送客礼仪：当客人离席或准备告辞时，主人应婉言相留。客人要走，应等客人起身后，再起身相送，不可客人一说要走，主人就站起来。送客一般应送到大门或弄堂口。若送客人到门外，应站在门口目视客人下楼，并在客人下楼梯拐弯时，挥手致意。回到居室后要轻声关门，并且不要马上关门灯，感觉到客人走远时再把门灯关上。

（二）访客礼仪

走亲访友是最常见的一种交际形式。做客主要有拜访、探望、请教、赴宴、留宿等。

1. 提前预约，不“突袭”。到他人家中做客时，要注意选好拜访时间，不宜选在三餐或对方睡觉的时间。

2. 做客要注意仪表、仪容。仪表应整洁、庄重，着装要朴素大方，以表示对主人的尊重。

3. 不能猛敲门或连续按铃。到主人门前时，要轻轻敲门或按门铃。敲门要把握好力度和节奏，切忌使劲和用脚踢门。敲门或按门铃后，屋内若无反应，可再敲或再按电铃，但时间不可过长。

4. 前往他人家里做客时，进门后为尊重主人，须遵守“五除”：摘下自己的帽子、围巾、手套、墨镜并脱下外套。如果主人家屋内是地毯或地板铺地，则应向主人要求换拖鞋。

5. 主人送出门口时，客人迈出一步要转回身致谢。如果主人站在门口，客人要走出几步后或在转弯处，回过身来告别，并向主人说“请回”“请留步”等话。

6. 上门拜访他人，尤其去家里拜访，一定要稳重，不要太随意，应该尊重对方的隐私。

（三）网络交往礼仪

其实QQ和微信很多年前就已经走入了我们的生活，现在已经成为我们生活中甚至工作中的重要沟通工具，使用微信时懂礼仪也成为人们需要掌握的基本技能和必备素养。现在我们就来说说微信交往中应注意的一些基本社交礼仪。

1. 尽量把所要表达的信息说清楚。很多人经常收到一句“在吗?”或“在?”就没有下文了。尽量把想要说的事情一次表达清楚。

2. 发出的信息要精简。不要长篇大论说不到重点，尽量把要说的信息简单明了化。说半天仅仅是个铺垫，最后才出现一点点内容，这是让人家猜呢，还是在浪费时间。

3. 尽量不要发语音。首先，很多时候要考虑对方是否方便接听语音，如果对方正在办公室、考试、上课或陪客户，一定不方便听语音。其次，微信和QQ语音没有文字沟通方便快捷，让人一目了然。当然，对于家里不会打字的长辈，互相沟通用语音完全可以理解。

4. 尽量不要随便发出语音聊天请求和视频请求。如果你打字比较慢，或有急事要语音处理，在想和对方语音聊天或视频之前，先文字信息发给对方问对方是否方便。

5. 视频聊天时不要随便光膀子露腿。无论与亲戚或是同学视频，不要轻易光膀子露腿，在异性面前切忌。

6. 不要不分时间场合随便给人发信息。不要在清晨或夜里九点之后给人发任何信息，无论闲聊还是工作。真有急事要处理当然另当别论。切忌半夜给人发信息，更忌半夜给异性发信息。

7. 不要随便发广告或强求别人点赞。在微信群里发广告之前，请先在群里说明或发个红包说明，不要经常给人发信息求赞。

8. 不要随便转发朋友圈的内容。不要跟风发一些朋友圈没有依据的内容，不要随便煽动别人的情绪，远离黄赌毒及谣言。

9. 不要随便拉人进群。如果你有一个比较好的群想和人分享，可以在朋友圈发信息，想进群的点赞就拉入进群，或发二维码，让人家自愿入群。

10. 不要连续给人发很多信息。有要事请言简意赅发信息，如果对方没有回复，可能是不方便。自己要先想想时间场合是否合适，不要死缠烂打，微信信息没有回复马上发语音或视频请求。

11. 人家没有回答的问题不要总追问。人家言左右而不回答的问题，特别要注意，可能是不想回答，或是触及隐私，或是不方便回答，人家没有直接说这问题我不回答，是给你面子，所以不要再三追问答案。

12. 不要向人索要红包或发减价拼单信息。经常会收到好友发来的今天我生日看谁在乎我给我发个红包，或者是某个购物网站砍价的信息，要么是某店点赞打折，你觉得发一两次不碍事，人家收到的可不止一两人发来的。再说，这能省多少钱，都是商家的促销手段而已。

13. 微信群不要只抢红包却不发红包。微信群里经常有红包，有的人每次都只抢红包却从不发红包，发个红包是为了活跃气氛，如果你不想发，那就不要随便抢红包，礼尚往来是基本的礼仪。

14. 添加好友时自报家门。添加好友时自报家门，比如我是某某某，我是某某公司谁。如果添加好友时忘记了，请添加申请后做一个简单的自我介绍。

15. 微信群里不聊隐私。微信群里聊天注意保护别人的隐私，不要在群里说，上次你儿子得了什么什么病。不要在未经别人同意的情况下，私自拉人入群。

16. 不要人家发朋友圈后立即私聊。有人看到人家发了朋友圈，立即找人私聊。你可以点赞，可以在朋友圈下面评论。但不要人家发了朋友圈之后，你每次都找人私聊，这样让人很不舒服。

17. 不要刷屏式发朋友圈。如果是微商利用朋友圈做生意人家没有反感，人家反感的是宣传一些三无产品或狂轰滥炸似刷屏发产品。有的微商做得很好，除了产品可发一些文字的表述，人文的信息，一个个小故事。

18. 点赞评论要注意。看人家发朋友圈，不要不看内容就点赞，要是人家遇到不好的事情，你点赞就不合适了。评论也是如此，多用正面的、积极的、肯定的话语。

19. 不要总是删人又加。不小心删错了可以理解，如果删了人家一次又一次，然后又一次次去添加，这样做太没修养了。

20. 别人输手机密码时候不要看，可以避开视线。与朋友聚会时人家付钱买单时候不要看人家输密码。

21. 别人给你看手机图片时候，只看朋友翻到的这一页，不要左右滑动，自己看人家手机信息。每个人手机里都有一些私照或截图，有的诸如情侣之间的亲密照，在家里的私照，露腿光膀子的，你要是左右滑动，看了人家的私密照片，是不是不大好？

22. 与人聚会时不要总看手机。很久没有见面的同事同学大家聚会聊聊，都是为了加深情感或是方便彼此即时沟通，如果聚会一直看手机，那还不如不聚会。尤其是两人见面，你只顾看手机，就是不尊重人了。

二、化妆礼仪

化妆是一种历史悠久的女性美容技术。当代女性热爱艺术，追求时尚，尊重生命，享受生活，注重自我提升，化妆则成为满足女性追求自身美的一种手段，其主要目的是利用化妆品并运用人工技巧来增加天然美。美容和化妆是女人的专利，女人可以打扮得有个性，有色彩，有品位。

（一）要因时因地制宜

化妆要做到“浓妆淡抹总相宜”，就要注意不同的时间和场合。商务人员要以淡雅的工作妆为宜，略施粉黛，清新自然。特别是白天，不能化浓妆。粉底过厚，口红过艳，是不合工作礼仪的，也会令人产生过于重视化妆，不把精力放在工作上的误解。商务人员参加晚间的社交场合，例如参加晚宴，出席晚会，就可以穿带有艺术性，色彩和样式都比较突出的时装。但是也不能太出格，还是以大方雅致为宜。

（二）注意美容护肤相结合

化妆属于消极美容，适当化妆可以掩饰一些缺陷，增加几分妩媚。但过多或长期使用化妆品，会对皮肤造成不良刺激和一定程度的损伤。适当参加户外体育活动，保持良好的心境，保证充足的睡眠，注意良好的饮食习惯，坚持科学的面部护理，都是一些积极的美容方法。

（三）化妆的步骤和方法

化妆，在现在看来已成为女性生活中必不可少的一部分，它就犹如女人的衣服一样，展示着女性不同的风格，展示着女性的自信。美容、化妆是一种比较复杂的技术和艺术。总之，无论怎么化都要按照基本的化妆程序来化，否则就不能保证整体妆容的协调性。

1. 洁肤和护肤：用清洁霜、洗面奶或洗面皂清洁面部的污垢及油脂，有条件的话还可用洁肤水清除枯死细胞皮屑，然后结合按摩涂上有营养的化妆水。护肤可以选择膏霜类，如日霜、晚霜、润肤霜、乳液等涂在脸上，令肌肤柔滑，起到保护皮肤的作用，并可防止化妆品与皮肤直接接触。

2. 涂粉底：选择与肤色较接近的粉底，用海绵或手指从鼻子处向外均匀涂抹，不要忽视细小的部位，在头颈之间要逐渐淡下去。粉底不要太厚，以免像戴了一个面具。

3. 修眉、描眉：用眉钳、小剪修整眉形并拔除多余的眉毛，使之更加清秀。眉毛是展现脸部印象的重要组成部分。如果你总觉得拿着眉笔的手不听使唤，画不出令人满意的眉毛。不妨做个新尝试：用眉笔在手臂上涂上颜色，用眉刷蘸上颜色，均匀地扫在眉毛上，你会惊喜地得到更为自然柔和的化妆效果。

4. 上眼妆：涂上眼影后，可以尝试用白色的眼线笔来描画眼线，使一双眼睛显得更大更有神采。然后用睫毛夹使睫毛卷翘，最后涂上睫毛膏。

5. 涂口红：用唇线笔画出唇线后，再用唇刷涂上口红或唇彩。要是时间不够时，用较细的口红直接涂抹也可以。大而厚的唇形适合与肌肤相融的暗色调或不起眼的颜色。鲜艳的颜色可以使小而薄的唇显得丰满。涂口红显得成熟。涂唇彩显得活泼，但容易脱妆。含有珍珠色或金色的闪光唇彩具有反射的效果，使嘴唇显得很光滑。

小贴士

网上销售的试用装靠谱吗?

折算来看，试用装的价格要比正装产品便宜很多，所以很多人喜欢在网上打包购买试用装来使用。但这种做法并不靠谱，因为试用装的包装质量远远不及正装产品来得严格，所以试用装的保存期限往往更短，再者如果某些网上店铺没有妥善的保存条件的话，很可能让产品在保质期内失效或变质。

6. 抹腮红：腮红应抹在微笑时面部形成的最高点，然后向耳朵上缘方向抹一条，将边缘晕开。可用腮红和阴影粉做脸形的矫正。如在鼻梁两侧抹浅咖啡色，鼻梁正中抹上白色，使鼻子立体感增强。

7. 妆后检查：化完妆后，一定要进行妆后检查。主要检查以下几点：整体与局部是否协调；看看各局部是否缺漏、碰坏，整个妆面是否协调统一；整个妆是否完美。上述都检查完以后，可将镜子贴近自己脸部仔细检查一番，若确认无误，那你的妆就算初步完成了。

三、日常生活中的称呼礼仪

（一）对家庭亲属的称呼

1. 称呼要合常规

亲属是与自己有血缘关系的人，为此在日常生活中的称呼要按已经约定俗成的辈分规范要求和习惯来称呼。如“父亲”“母亲”“祖父”“祖母”“哥哥”“姐姐”“表姐”“堂弟”“岳父”“岳母”“公公”“婆婆”等。

2. 家庭成员的称呼

在家中，成员之间都是家人关系，虽然没有必要像在外边那样注重礼节，成员之间的称呼可以随便一些，但是，也不能不注意基本的礼节，有一些称呼的禁忌需要我们注意。

(1) 不要乱称呼。有的子女由于父母娇惯，不称呼自己的父母为“爸爸、妈妈”，常称呼父母为“老爷子、老头子、老太太、老太婆”，甚至直呼父母的姓名，表现出对长辈的不尊重。

(2) 要适度称呼。家庭称呼既要讲究文明礼貌，又要生动活泼，不能把家庭成员之间的关系同志化、朋友化。因此，家庭成员间通常称呼爱称或戏称，体现出成员之间亲密无间的关系。比如，“小刚、老大、玲玲、一把手、内当家、财政部长、宝宝”等，充满着亲切感，可以增进家庭成员之间的感情，体现出家的温暖、融洽。但有的家庭成员不管对方接不接受，不管地点、场合，一律称呼爱称、戏称。

（二）对邻里朋友的称呼

一般对他人的亲属应采用敬称。对他人的长辈，可在其称呼前加“尊”字，如“尊母”“尊父”；对他人的平辈或晚辈，可在其称呼前加“贤”字，如“贤兄”“贤妹”“贤侄”等。

第三节　家庭休闲文化

人的需要包括生存、享受（即狭义的休闲）和发展三个层次。生存是基础，发展是趋向，享受则是人生自在生命的自由体验。没有享受的生存不是理想的生存。因此，休闲作为人类生存方式的一个主要形态，愈来愈会受到社会的关注和人们的重视，那么，如何正确把握休闲的本质意义，如何聪明地休闲，健康地休闲，高品位地休闲，把发展蕴含于休闲，成为每个家庭面对的实际问题，同样成了家庭休闲文化的重要组成部分，这也是家庭女性应了解的家庭文化知识中的一部分。

一、家庭休闲方式的含义

家庭休闲方式是以家庭为中心反映家庭成员利用闲暇时间从事各种休闲活动的典型形式。它主要包括以下四层含义：第一，它是家庭成员对闲暇时间的自我支配；第二，它是体现家庭成员伦理、道德与价值观的自由自在的心境；第三，它是家庭成员自我选择的生存状态；第四，它是满足家庭成员需要且与社会可持续发展相关的相对自由的活动。

二、家庭主要休闲方式

从家庭休闲的内容的角度来看，家庭休闲方式具有多元化特征，主要包括以下几种类型：

（一）体育型休闲

休闲体育社会化的不断发展，使得休闲体育走进每个家庭。在城乡社区内，以家庭为单位举办社区家庭运动会成为社区活动的一项主要内容。现代都市化不断发展，家庭与家庭之间感情淡漠，而通过组织家庭运动会，能够促进各个家庭之间的感情交流，增加各家庭之间的交往，培养共同意识，形成良好的人际关系，休闲体育可以架起家庭与社会之间的桥梁，使家庭个体融入感情融洽的“社会大家庭”。家庭休闲体育项目主要有游泳、跑步、滑雪、爬山、羽毛球、乒乓球等。

图 8-1 滑 雪

（二）娱乐型休闲

娱乐型休闲是指人们在可以自由支配的时间里用于精神生活、娱乐生活需要从事的各种活动，如家庭聚会、歌舞、下棋、打牌、电子游戏、上网聊天等。这些活动是社会生活的重要组成部分。网络时代家庭对因特网的使用在很大程度上是带有休闲娱乐性质的消费活动和时尚活动。仅仅从纯粹的家庭休闲娱乐功能的角度来看，因特网的发展为其开辟了前所未有的空间，家庭休闲娱乐功能的形式、内容和所产生的意义和影响与因特网时代到来之前的状况迥然不同。网络休闲生活将成为 21 世纪的新生活时尚。以下着重介绍当今家庭休闲娱乐中主要的网络休闲方式。

1. 网络休闲生活

因特网为城市家庭的休闲娱乐方式带来了变革性的新内容，创造出了很多具有深广意义的前所未有的休闲娱乐方式。人类迅速进入一个“娱乐经济时代”。因特网为每个用户的个性化休闲生活提供了前所未有的条件，在网上有众多的共同的娱乐爱好所形成的兴趣小组，有包罗万象的娱乐元素，人们在上面可以欣赏音乐，下载流行的音乐电子节目，浏览娱乐界的新闻，讨论和竞猜体育比赛，满足各种爱好，如集邮、养花种草、饲养宠物、汽车、军事、书法、游泳、天文、文学、舞蹈、音乐等，每个人所感兴趣的任何内容都可以在网上找到相关的站点和具有相同爱好和兴趣的亚文化群体。

另一个网上休闲的热潮就是建立个人博客或微博，利用微信社交平台开展交流，这已经成为一种流行的休闲娱乐活动。基本上每个大型的网站都会提供给注册用户免费的主页空间，每个人都可以根据自己的兴趣爱好在网上发布自己的个人主页。

小贴士

快手和抖音

快手和抖音是很好的交流平台，我们通过它们认识了形形色色的人，看到很多有才艺的人，也学到了很多知识，比如说舞蹈、做菜等，而且视频博主很注重细节，带动了全民互动的热潮。

2. 网络学习

因特网的出现使现代家庭中的闲暇与工作、学习在界限上模糊起来，出现了重叠和交融的态势。未来社会是以因特网为基础的信息社会，因特网使劳动生产率快速提高，使人们拥有更多的在家庭中可以进行休闲和娱乐的时间，但在未来的信息社会，人们会面临更多的竞争，要想在竞争中立于不败之地，每个人自己的知识结构都必须与社会发展同步，保持信息的通畅和信息量的充足。

（三）参观游览型家庭休闲

家庭休闲旅游是指一家人一起进行的观光、休闲、度假等旅游活动。相较于一般的旅游活动而言，其旅游对象有了特殊的限定。家庭是由婚姻关系、血缘关系或收养关系结合成的亲属生活组织，这里一家人泛指上述生活组织中的两个或两个以上的成员。旅游正成为中国城市人休闲的新时尚。国内旅游景点数不胜数，择其一二简要介绍：

1. 丽江：人们从发现丽江开始，就为这里赋予了种种与爱情有关的定义。这里是爱情的天堂，空气里都微微散发着香甜的爱情的味道。

2. 九寨沟：一个童话中的仙境，这里的一山一水美得令人窒息。山、林、云、天倒映水中，树在水中长，水在林中流，水树交融，水色使山林显得更加青葱，山林使水色显得更为娇艳；瀑泻入湖，湖瀑相生，层层叠叠，相衔相依；从雪山上不断流畅下的泉水，源源不断地注入一个个五彩池，流光溢彩，清澈神秘。百万年来才慢慢形成的钙化池，层层叠叠，见证佳侣们永恒不变的爱情。

图 8 - 2　丽　江

图 8 - 3　九寨沟

(四) 其他休闲方式

除此之外，艺术欣赏、插花、茶艺、高尔夫、马术、收藏等丰富多彩的文化体育休闲同样在人们生活中所占的比重越来越大。过去只知道去大商场逛的人，如今也到图书馆、大剧院、音乐厅、艺术展览会、博物馆去消磨时间了。以往能花几百元下饭馆，现在，花几十元甚至上百元听场音乐会，欣赏高水平的展览也觉得值得。

三、家庭休闲的要求

(一) 树立正确的家庭休闲观

明确健康文明科学的家庭休闲方式是一笔财富，是每个人生活中必不可少的重要组成部分。它不仅能提高家庭生活质量，促进家庭成员的身心健康与发展，而且与整个社会的文明和可持续发展都息息相关。因此，要学会休闲，科学地把握休闲之道；要讲求休闲艺术，提高休闲质量，使家庭休闲“从心所欲不逾矩”。

(二) 制定明确的家庭休闲目标和家庭休闲计划

家庭休闲目标既应是健康文明的，又应符合各自家庭的实际和客观条件，不能好高骛远。有了理想目标，还要有科学而周密的家庭休闲计划与安排，并不断对家庭休闲活动进行反馈调整，切忌“信马由缰”式的盲目休闲。

苏联著名的教育家马卡连柯说：“家庭教育的实质根本不在于你与孩子的谈话，也不在于你对孩子的直接影响，而在于组织你的家庭、你的个人生活和社会生活，在于组织孩子的生活。好的组织生活就是不忽略最细小的细节和小事。”因此，精心地组织家庭休闲生活，力争使休闲达到工具性与目的性、功利性与超功利性、合规律性与合社会性的高度统一，才能从“休闲”树上摘到许多意想不到的甜甜的果子。

第四节　家庭茶艺文化

随着人们物质生活水平的不断提高，茶艺逐渐成为人们家庭消遣型休闲的主要方式之一。既可以在闲暇之余自己静下心来悠然自得地体验茶艺，也可以在家里摆茶道招待客人，以茶会友增进友谊。如此，足不出户便可以随时享受茶艺之乐，比起到茶馆里品茗，自然另有一番情趣。家庭女性了解茶文化的相关知识，一方面可以提高自身的素养，另一方面也可以提升整个家庭的品位。

一、茶与健康

茶叶的色、香、味、形是茶叶品质的综合反映，是以多种化学物质为基础而形成的。茶是中国人的国饮，喝茶有利于健康已经是不争的事实。要想揭开茶叶与人体健康的秘密就必须从茶的内质特征入手。

（一）茶叶的色、香、味、形

1. 色：茶叶的色泽包括干茶颜色与茶汤颜色两部分。茶叶中有色的化学成分很多，如绿色的叶绿素、橙红色的胡萝卜素等。

2. 香：茶叶的香气是由多种芳香物质组成的，不同芳香物质的组合形成不同的香气。

3. 味：茶叶的滋味是以茶叶的化学成分为基础的，由味觉器官所反应形成。绿茶鲜醇、红茶浓醇鲜爽。

4. 形：制茶通过一定的技术手段使茶叶成形后再加以干燥，使形态固定下来，有条形、针形、扁形、球形、片形等。

> **小贴士**
>
> 喝茶要注意的几个原则：
>
> （1）餐前适合喝普洱茶或红茶；
>
> （2）餐后适合喝乌龙茶、绿茶、花茶；
>
> （3）用餐喝茶的时机以半小时为宜。

（二）茶的功效

科学研究证实，茶叶确实含有与人体健康密切相关的生化成分。茶叶不仅具有提神清心、清热解暑、消食化痰、去腻减肥、清心除烦、解毒醒酒、生津止渴、降火明目及止痢除湿等药理作用，还对辐射病、心脑血管病等疾病，有一定的药理功效。

> **小贴士**
>
> **家庭保存拆封后茶叶的几种方法**
>
> （1）准备一台专门贮存茶叶的小型冰箱，设定温度在－5℃以下，将拆封的封口紧闭好将其放入冰箱内。
>
> （2）可用整理干净的热水瓶，将拆封的茶叶倒入瓶内，塞进塞子存放。
>
> （3）可用干燥箱贮存茶叶。
>
> （4）可用陶罐存放茶叶。

二、茶叶的选择

茶是天地间的灵性植物，生于名山秀水之间，与青山为伴，以明月、清风、云雾为侣，得天地之精华而造福于人类。好茶需要生长得地，采摘得时，制作得法。茶叶没有绝对的好坏之分，完全要看个人喜欢哪种口味而定。各种茶叶都有它的高级品和劣等货。一般说来，判断茶叶的好坏可以从察看茶叶、嗅闻茶香、品尝茶味和分辨茶渣入手。

（一）察看茶叶

察看茶叶是观赏干茶和茶叶开汤后的形状变化。观察干茶要看干茶的干燥程度，看茶叶的叶片是否整洁，如果有太多的叶梗、簧片、渣沫、杂质则不是上等茶叶。最后，再看干茶的条索外形。将适量的茶叶放在玻璃杯中，或者在透明的容器里用热水一冲，茶叶就会慢慢舒展开。可以同时泡几杯来进行比较，其中舒展顺利、茶叶分泌最旺盛、茶叶身段最为柔软飘逸的是最好的茶叶。

（二）嗅闻茶香

将少许干茶放在器皿中或者直接抓一把茶叶放在手中，闻一闻干茶的清香、浓香、糖香，判断一下有无异味、杂味等。注意嗅香气的技巧很重要，在茶汤浸泡 5 min 左右开始嗅香气，最合适嗅茶叶香气的叶底温度为 45～55 ℃，嗅香气应以左手握杯，靠近杯沿用鼻趁热轻嗅或深嗅杯中叶底发出的香气，也有将整个鼻部深入杯内，接近叶底以扩大接触香气面积，增加嗅感。

（三）品尝茶味

茶汤的滋味以微苦中带甘为最佳。好茶喝起来甘醇浓稠，有活性；喝后喉头甘润的感觉持续很久。品茶味时，舌头的姿势要正确。把茶汤吸入嘴内后，舌尖顶住上层齿龈，嘴唇微微张开，使茶汤摊在舌的中部，再用腹部呼吸从口慢慢吸入空气，使茶汤在舌上微微滚动，连吸两次气后，辨出滋味。

三、茶　具

茶具在茶艺活动中具有极重要的地位。古人说："工欲善其事，必先利其器。"要想泡好茶，就得有一套合适的茶具。《茶疏》中说："茶滋于水，水藉乎器，汤成于火，四者相顾，缺一则废。"所以，没有茶具就无法进行茶事活动，茶艺（品茗艺术）也就"缺一则废"。因此，茶具和茶文化紧密相连，茶具作为茶的承载工具，在茶文化里扮演着重要的作用。

（一）茶具的种类

随着茗茶之风的盛行，历代贮茶、煮茶、饮茶之具也不断丰富起来。单从材料上分就有金银器、铜器、锡器、玉器、漆器、珐琅器、陶器和瓷器等。金银器最为名贵，但并不常用，日常生活里普遍使用的则是陶瓷器。瓷器中率先使用的是青釉瓷和自釉瓷，即是唐代以前浙江一带生产的越窑青瓷和河北邢窑生产的自釉瓷器。

(二) 茶具蕴含的文化内涵

1. 茶具体现了茶文化实用性与功能性的统一

如果我们所泡的茶是清茶、自毫乌龙、绿茶和红茶之类，通常选择密度高的壶，目的是表现其清扬本性，而铁观音、佛手和普洱通常选择密度低的壶来泡以体现茶叶的低沉。

2. 茶具体现了人们的审美情趣、道德规范和价值观念风尚

茶具不仅要实用，而且更多地要从鉴赏艺术角度出发，把审美、造型、装饰等功能解读出来。茶具作为功能效用具有物质和精神双重性的两个方面，其中“物质功能”即饮茶器皿必须是生活实用品，是满足人们生活需要而创造的物质产品。

四、茶与壶的搭配

选择适当的茶具是泡好茶的关键因素。一般至少需要准备两把壶。重香气的茶叶要选择硬度较大的壶，绿茶类、轻发酵的包种茶类如龙井、碧螺春、文山包种茶、香片及其他嫩芽茶叶等，都适合硬度较高的壶——瓷壶、玻璃壶。重滋味的茶叶要选择硬度较低的壶，乌龙茶类如铁观音、水仙、单从等以及其他外形紧结、枝叶粗老的茶、普洱、老茶都应选择陶壶、紫砂壶。

五、行茶程序

也称为“行茶法”。行茶法分为三个阶段：第一阶段是准备，第二阶段是操作，第三阶段是结束。

准备阶段是在客人来临前，也就是操作阶段之前的所有预备工作，各种情况决定预备工作的多寡，但必须预备到能使操作工作顺利进行为止。操作阶段是有次序有步骤地进行冲泡茶的过程，一切按部就班。完成阶段等于操作完成后的完满收拾工作。

(一) 清 具

目的是提高茶具温度，使茶叶冲泡后温度相对稳定，对较粗老的茶叶冲泡尤为重要。用热水冲淋茶壶，包括壶嘴、壶盖，同时烫淋茶杯，随即将茶壶、茶杯沥干。

(二) 置 茶

按茶壶或茶杯大小，置一定数量的茶叶入壶（杯），假如用盖碗泡茶，那么，泡好后可直接饮用，也可将茶汤倒入杯中饮用。

(三) 冲 泡

置茶入壶（杯）后，按照茶与水的比例，将开水冲入壶中。冲水时，除乌龙茶冲水须溢出壶口、壶嘴外，通常以冲水八分满为宜。假如使用玻璃杯或自瓷杯冲泡注重赏识的细嫩名茶，冲水也以七八分满为度。冲水时，在民间常用“凤凰三点头”之法，即将水壶下倾上提三次，其意一是表示主人向宾客点头，欢迎致意；二是可使茶叶和茶水上下翻动，使茶汤浓度一致。

（四）奉　茶

敬茶时，主人要脸带笑意，最好用茶盘托着送给客人。假如直接用茶杯奉茶，主近客处，左手做掌状伸出，以示敬意；从客人侧面奉茶，若左侧奉茶，则用左手端杯，右手做请用茶姿势；若右侧奉茶，则用右手端杯，左手做请用茶姿势。这时，客人可用右手除拇指外其余四指并拢弯曲，轻轻叩打桌面，或微微点头，以表谢意。

（五）赏　茶

假如饮的是高级名茶，那么，茶叶一经冲泡后，不可急于饮茶，应先观色察形，接着端杯闻香，再吸汤尝味。尝味时，应让茶汤从舌尖沿舌两侧流到舌根，再回到舌头，如是反复 2～3 次，以留下茶汤清香甘甜的回味。

（六）续　水

一般当已饮去 2/3（杯）的茶汤时，就应续水入壶（杯）。一旦到茶水全部饮尽时再续水，那么，续水后的茶汤就会淡而无味了。续水通常 2～3 次就够了。假如还想继承饮茶，那么，应该重新冲泡。

第五节　学习型家庭创建

家庭是社会的细胞，健康的家庭是文明社会的基础。人们已普遍接受“知识立家、知识兴家、知识富家”的读书学习理念，确立尊重知识、不断进取的价值取向，学习成为家庭成员成长与发展的自觉行动和内在需要，成为家庭活动的核心、家庭生活的新形式和家庭生存的基本状态。学习型家庭是发展到 21 世纪的知识时代所出现的一种具有学习属性的家庭模式，是近年来我国家庭教育领域的一个崭新理念，是作为家庭存在的一种状态和家庭发展的一种方向而产生的，是紧跟时代潮流，适应时代发展的必然选择。实践表明，创建与时代发展步调相一致的学习型家庭有利于个人的健康成长，有利于家庭的幸福，有利于社会的和谐，是全面提升家庭教育质量、实现全民终身教育目标的最佳途径。家庭女性作为家庭中的重要成员对构建学习型家庭起着至关重要的作用。

一、学习型家庭的概念及特征

学习型家庭是人类社会发展到一定阶段的新型家庭形态，有着丰富的意蕴，学习型家庭不仅仅要重视知识的价值，更需了解智慧的本质，重视智慧的学习。下面主要讲述其概念、要素及特征。

（一）学习型家庭的概念

学习型家庭是指家庭成员在树立终身学习理念的前提下，通过自学、共学和互学，改善家庭学习的内涵与品质，提升家庭成员的学习力，建立良好的家庭人际关系，最终实现家庭成员个体及所属家庭与社会持续协调发展的一种新型家庭形态。

（二）学习型家庭的基本特征

虽然学习型家庭模式多种多样，但其构成的基本特征是相同的，具体表现在以下几个方面：

1. 崇尚学习是学习型家庭的主旋律

热爱学习，对学习新东西有兴趣，是学习型家庭的基本特征之一。家庭中的学习是家庭成员自我提升、自我改变、自我超越和实现自我价值的重要途径。因此，要创建学习型家庭，尚学精神必须贯穿整个家庭生活的全过程。要在一个家庭里形成崇尚学习的氛围，家长的主导作用最为关键。

2. 沟通对话是学习型家庭和谐的音符

沟通对话是学习型家庭的又一基本特征。家长与孩子平等交流，营造一个祥和温暖的环境，使家庭成员乐于参与家庭的讨论。亲密的闲聊或讨论可以使家庭的成长更和谐、更健康。闲聊的内容可以是生活情感方面的，也可以是书本知识方面的。谈话的形式应该是生动活泼的，而不是机械刻板、空洞乏味的。

3. 共同时间是学习型家庭创建的基本保证

共同时间是家庭成员共同学习与沟通交流的基本保证，家人相聚的时间的数量与品质也是衡量家庭生活品质的重要标志。一般家庭，家长忙于工作与应酬，很少顾及孩子的感受，经常忽略夫妻双方的交流。学习型家庭中，不论家长工作多么繁忙，每天或每周总要抽出一块固定的时间和配偶及孩子学习、共同交流、分享心得体会。

二、学习型家庭创建的意义

建设学习型家庭，是以提高家庭成员的综合素质和生活质量为共同目标，建立家庭全员学习、父母带头学习、互动学习的机制，培养强烈的社会责任感，倡导健康向上的生活方式，形成和谐温馨的家庭关系，营造人人好学的家庭气氛，追求丰富充实的生活内容。建设学习型家庭的意义在于：

1. 建设学习型家庭是适应知识经济快速发展的必然要求

当前世界经济发展的趋势，是以知识为基础的产业在结构中逐渐占有主导地位，知识在经济增长中起着主导作用，知识对生产力的构成产生关键影响。学习型是家庭发展到 21 世纪的知识时代所出现的一种具有学习属性的家庭模式，是作为家庭存在的一种状态。建设学习型家庭的最终目的，就是要提高家庭成员的创新力。

2. 建设学习型家庭是跟上信息社会发展步伐的迫切需要

当前网络信息技术的快速发展，不仅开辟了一个迅速增长的产业，而且在整个经济和社会领域产生了深刻的影响。适应信息社会发展的需求，不仅要进一步加快信息产品制造业的发展，而且要加强信息基础设施建设，积极拓展信息技术的应用领域。更为重要的是要培养一支高水平的信息技术人才队伍，并且在广大市民中普及信息技术应用基础知识。

3. 建设学习型家庭是应对当前知识快速更新的重要举措

新技术革命的一个重要特点，是知识总量的迅速增长和知识更新的周期日益加快。建设学习型家庭，就是要适应知识快速更新的趋势，积极引导家庭成员树立终身学习、时时学习、处处学习的理念。一个人学习可能是一件枯燥的事情，而一家人都在学习的家庭可能就是幸福的，打造一个学习型家庭，真的很重要。打造学习型家庭，不仅仅可以全面提升家庭教育质量，更能够实现成人终身教育的理想。

三、创建学习型家庭的途径

（一）家庭与学校、社区三位一体相结合模式

本模式将家庭与社区、家庭与学校相结合而开展。社区为家庭的学习和提高创造条件、提供平台，学校为家庭成员的学习提供精神和智力支持。在家庭、学校、社区三位一体的创建模式中，学习型家庭创建的主体是家庭，社区、学校与家庭配合、互动，用社区文化、校园文化推动学习型家庭创建，共同达到创建目的。社区、学校为家庭创造更多的参与机会和途径是保证学习型家庭创建活动长盛不衰的基础。在家庭有参与的主动性与积极性的基础上，如何创造条件让家庭有机会融入社会是创建活动的一个关键环节。让家庭有融入社区、参与学习的渠道，有利于家庭与社区、学校共同进步。

（二）增强家庭民主意识

民主和谐的家庭气氛是现代文明家庭的标志。学习型家庭的民主意识表现在尊重孩子的个体性发展，尊重孩子的发言权、参与权，把孩子当作一个有独立人格的个体来尊重，既不溺爱孩子，也不打骂孩子，保持和发展孩子的天性，培养孩子活泼开朗、勇敢进取的性格，培养孩子树立诚实守信的品德，让孩子懂得要想成才，先要成人。

（三）培养家庭学习习惯

养成良好的家庭学习习惯既是促进学习、提高学习效率的重要因素，也是家庭教育的一项重要任务。叶圣陶曾经说过："凡是好的态度和好的方法，都要使它化为习惯，这样才能随时随地应用，一辈子受用不尽。"因此，要培养良好的家庭学习习惯，就要努力做到以下几点：

1. 培养珍惜时间的习惯

凡是勤奋学习、致力于事业的人，都深知时间的宝贵。

2. 培养读书看报的习惯

俗话说："活到老，学到老。"多读书看报，以提高修养，提升品位，提炼文采。

3. 培养敢于质疑的习惯

父母应该重视加强自身的知识学习和积累，通过专业知识和业务能力的学习，在家庭中营造一个好学、乐学、常学的良好学习氛围，让孩子在不知不觉间受到学习气氛的熏陶，摒除孩子的厌学心理，激发学习兴趣。教育孩子敢于向父母质疑，向老师质疑，向书本质疑，培养孩子勇于向权威挑战的科学精神。

4. 培养孩子使用工具书的习惯

工具书的种类很多，除了字典、词典外，还包括各种资料、参考书、辅导书等，它是人们学习中不可缺少的助手，被称为"无声的老师"。

5. 培养参与孩子活动的习惯

参与孩子的活动是一件最令孩子高兴的事，所以家长应在百忙之中尽量参与他们的活动。

（四）发挥榜样的示范力量，努力使孩子形成优秀的道德品质

具有优秀的道德品质是人才的一个衡量标准。一个健康的家庭必然要教育子女具有优秀的道德品质，并有意识地将道德品质教育内容渗透到日常家庭教育之中。父母要培养具有优秀道德品质的子女，自己首先必须具备优秀的道德品质。儿童具有模仿的天性，家庭作为教育儿童的第一学校，父母的道德行为必然成为孩子模仿的首选对象。从这个意义上讲，父母应该在日常生活中着力塑造自身良好的道德形象，对孩子的道德行为评价要有坚持性，从自身做起，前后一致地提供榜样，为孩子创设道德情境，提供明确具体的道德行为要求，让孩子坚持练习，及时纠错，适当地运用批评和表扬，促进孩子品德的发展，培养孩子形成优秀的道德品质。

思考与训练

1. 简述女性在家庭文化建设中的作用。

2. 一般家庭的宴会，饭厅置圆桌一台，无桌次顺序的区分，但如果宴会设在饭店或礼堂，圆桌两桌，或两桌以上时，则必须定其大小。其定位的原则，以背对饭厅或礼堂为正位，以右旁为大，左旁为小，如场地排有三桌时，试述如何安排客人的落座位置。

3. 简述化妆礼仪中的化妆步骤。

4. 简述家风在家庭文化建设中的重要性。

5. 案例：萧先生和妻子租了某小区的一层居民楼开了家干洗店，小两口对未来充满了憧憬，但是，随之烦恼也来了。二楼的邻居丁先生家经常漏水，好几次都把他们刚给顾客熨烫完的衣服弄湿。找了丁家好几回，但丁先生态度蛮横，拒不承认。萧先生寻思，自己开个小店也不容易，能忍就忍忍吧。一天，楼上又漏水，正巧丁先生路过萧先生家门口，萧先生说："大哥，你家又漏水了，要不你进我家来看看。""不可能是我家漏的！"丁先生马上回答。这时萧先生的妻子忍不住说："你怎么这么不讲理？"话未说完，丁先生的拳头就落在了她的身上。看到妻子受欺负，萧先生再也忍耐不住，双方厮打起来。丁先生的妻子郭女士闻声下楼，被萧先生随手用小孩玩的"铁蹦蹦"打伤。经法医鉴定：郭女士左手多处挫裂创伤；右手拇指节粉碎性骨折，构成轻伤。

请分析本来是有理的萧先生在处理邻里矛盾时出现了哪些问题。

6. 简要介绍一处国内的旅游景点。

7. 简述选茶的主要步骤。

参考文献

1. 李福芝，李慧. 现代家政学概论［M］. 北京：机械工业出版社，2000.
2. 朱运致. 能干女性：女性与家政［M］. 北京：中国劳动社会保障出版社，2008.
3. 金双秋. 现代家政学［M］. 北京：北京大学出版社，2009.
4. 杨君. 食品营养［M］. 北京：中国轻工业出版社，2007.
5. 高永清，吴小南，蔡美琴. 营养与食品卫生学［M］. 北京：科学出版社，2008.
6. 张晔，左小霞. 张晔解读《中国居民膳食指南》［M］. 青岛：青岛出版社，2012.
7. 中国营养学会. 中国居民膳食指南. 拉萨：西藏人民出版社，2013.
8. 中国就业培训技术指导中心. 公共营养师［M］. 北京：中国劳动社会保障出版社，2009.
9. 王尔茂，苏新国. 食品营养与健康［M］. 北京：军事科学出版社，2015.
10. 刘海珍. 营养与食品卫生［M］. 广州：广东旅游出版社，2009.
12. 刘君，陈燕琳. 品牌成衣设计［M］. 重庆：西南师范大学出版社，2003.
13. 陈培青. 服装款式设计［M］. 北京：北京理工大学出版社，2013.
14. 钱晓农，张弘弢. 服装设计基础［M］. 北京：北京理工大学出版社，2013.
15. 史页新. 家庭装饰设计风格与灵魂［J］. 遵义师范学院学报，2011（13）：121-123.
16. 夏美娟. 陶瓷艺术与现代家庭环境装饰［J］. 艺术科技，2013（7）：388.
17. 詹秦川，陈睿. 家庭装饰中的色彩选择［J］. 装饰艺术研究，2005（11）：86.
18. 汪小飞，程铁宏. 室内植物在现代家庭中的运用［J］. 黄山学院学报，2004（3）：99-102.
19. 芦岩，孟家松. 观赏植物在家庭居室中的选择和布置［J］. 河北林业科技，2005（4）：178-179.
20. 潘百红. 家庭居室室内植物装饰探讨［J］. 现代农业科技，2009（23）：235-237.
21. 陆明. 论家庭式小旅馆的消防安全管理［J］. 广西民族大学学报，2010（12）：46-48.
22. 熊筱燕，季健. 精明女性：女性与理财［M］. 中国劳动社会保障出版社，2009.
23. 李昊轩. 优雅女人的投资理财书［M］. 中国华侨出版社，2012.
24. 焦敏. 女性与现代家政［M］. 武汉：华中师范大学出版社，2012.
25. 金双秋. 现代家政学［M］. 北京：北京大学出版社，2009.
26. 曾伟菁. 家庭保健与护理［M］. 北京：北京理工大学出版社，2010.
27. 鲍勇，吴克明，顾沈兵. 家庭健康管理学［M］. 上海：上海交通大学出版社，2013.
28. 萧言生. 人体经络使用手册［M］. 北京：东方出版社，2008.
29. 吴清忠. 人体使用手册［M］. 南昌：江西科学技术出版社，2011.
30. 李洪曾. 学前儿童家庭教育［M］. 大连：辽宁师范大学出版社，2008.
31. 吴航. 家庭教育学基础［M］. 武汉：华中师范大学出版社，2010.
32. 魏书生. 好父母 好家教［M］. 北京：文化艺术出版社，2012.
33. 叶立群，邓佐君. 家庭教育学［M］. 福州：福建教育出版社，2010.
34. 马红. 浅议家庭文化建设中已婚女性的心理成长［J］，中国校外教育，2013（3）：5-6.
35. 董鸥. 女性在家庭文化建设中的作用［J］. 中华女子学院学报，1996（3）：34-36.
36. 付红梅，徐保风. 和谐社会视野的家庭礼仪教育［J］. 中南林业科技大学学报，2012（2）：85-88.
37. 姜宏德. 关于家庭休闲方式的理性思考［J］. 教育理论与实践，2005（5）：56-58.
38. 许放明. 女性家庭角色和谐关系探讨［J］. 社会主义研究，2006（6）：76-78.
39. 唐魁玉. 论网络对现代家庭休闲生活的影响［J］. 科学对社会的影响，2001（2）：59-61.
40. 孙丽娜. 我国城市家庭休闲生活方式研究［J］. 才智，2010（1）：182-183.
41. 穆光宗. 论家庭幸福发展［J］. 中国延安干部学院学报，2012（1）：86-93.
42. 王秀华. 现代社会婚姻稳定家庭幸福的道德要素［J］. 福建论坛（经济社会版），2003（10）：62-63.
43. 吴建勤. 由茶具的演变谈中国茶文化［J］. 农业考古，2013（5）：72-75.
44. 河北省妇联. 创建学习型家庭的有效模式探讨［J］. 中国妇运，2006（10）：18-20.
45. 段秀子. 浅论如何创建学习型家庭［J］. 科技情报开发与经济，2007（15）：203-204.
46. 欧平，张龙，龚德贵. 家庭休闲体育的和谐价值探析［J］. 成都体育学院学报，2009（35）：26-29.